幸福不用回答

翁若蜜◎著

北京大学出版社
PEKING UNIVERSITY PRESS

著作权合同登记号　图字：01-2013-1525

图书在版编目（CIP）数据

幸福不用回答 / 翁若蜜著. —北京：北京大学出版社，2013.9

ISBN 978-7-301-21984-3

I. ①幸…　II. ①翁…　III. ①女性－成功心理－通俗读物　IV. ①B848.4－49

中国版本图书馆 CIP 数据核字（2013）第 015332 号

本著作由汉湘文化事业股份有限公司授权出版中文简体字版本。

本书中文简体版由北京大学出版社出版。

书　　　名：幸福不用回答
著作责任者：翁若蜜　著
责 任 编 辑：宋智广　代　卉
标 准 书 号：ISBN 978-7-301-21984-3/B · 1102
出 版 发 行：北京大学出版社
地　　　址：北京市海淀区成府路 205 号　100871
网　　　址：http://www.pup.cn　　新浪官方微博：@北京大学出版社
电 子 信 箱：rz82632355@163.com
电　　　话：邮购部 62752015　发行部 62750672　编辑部 82632355　出版部 62754962
印　刷　者：北京盛兰兄弟印刷装订有限公司
经　销　者：新华书店
787 毫米 × 1092 毫米　16 开本　14 印张　139 千字
2013 年 9 月第 1 版　2013 年 9 月第 1 次印刷
定　　　价：35.00 元

自序

女人的幸福由自己主宰

幸福是每位女性都无限憧憬的，事业和爱情是人生的两大重要课题，我们希望它们是幸福之源。但现实生活中，却不乏被爱情所控的人，不少人甚至因为失恋而自杀。她们放弃了幸福的主动权，让情绪和客观条件主导了自己的人生。

人的感情就是一个圆，里面有亲情、爱情和友情，如果一个女人的亲情比例只占整个感情圆的1%，也没什么朋友，爱情几乎占了整个感情圆的99%，那么她失去了男人，当然会跳楼。但是如果她从小到大，家人所给予的感情非常丰富，占50%，而后来友情还能占35%，爱情只有15%，那么她受到感情创伤时的反应就不会那么强烈。

我建议年轻女生不要急着谈恋爱，要先建立起一个完整的情感网络，和家人、朋友搞好关系，这样万一失恋了，亲情和友情能帮你转移注意力。

失恋了，马上把对方从心里抹去，那是不可能的。没有智慧的女人，会一直沉溺在那个死胡同里，也许后来的三五年，甚至三十年都在感伤，直到这种忧愁成为她的生活习惯；也许她一辈子就毁了，因为她去跳楼了！而有智慧的女人会尽快让它淡化，尽管她以前的感情也非常刻骨铭心，因为她不能忍受自己的日子太苦闷，会想办法从中走出来。所以，幸福属于有智慧的女人。

女人不能满脑子只有爱情，一味地想把自己送给男人，逼着他接受你，这是行不通的。你要想想自己有什么优点，除了漂亮的脸蛋和漂亮的衣服之外，还有什么能让人回味不已？首先你要有自己的工作，这很重要，其实这也是增进一个女人魅力的修炼。有工作、有专业，你才不会脑袋空空，男人才不会和你“话不投机半句多”。你要有正当的工作，每天都必须和别人应对进退，这才能体察人性，才能让你进一步对人体贴入微。

当然，最好的是你有自己的事业，有事业是最重要的，因为它会督促你不断进步，这样，你就不会变成一个被时代淘汰的女人。如果你实在命好不需要工作，也没有自己的事业，那么至少要有个愿意投入的兴趣爱好，把你的热情投注在上面，这也会使你时刻保持最佳状态，魅力十足。

你先主宰了自己，才能主宰你的爱情。一厢情愿地把自己往男人那里送，男人会不想要，甚至一想到你就腻。

很多女人认为事业和爱情不可兼得，但其实它们彼此相辅相成。一个女人把事业经营得很好，至少代表她是有自信、有自我的，她会特别有吸引力；

而一个在爱情上如鱼得水的女人，她的事业发展也会非常好。

在别人看来，我拥有美满的生活：丈夫是名医，孩子很争气，在职场上更是指挥若定、呼风唤雨。有人会问我："这样好命的人生，你一定很幸福吧？"其实我也属于绝大多数的人：家庭环境中等、外貌中等、聪明程度也中等。只是多年来一直努力，以这种中等的条件，向"极端的好"靠拢。从未停下思量自己是否幸福，不知不觉走到今天，蓦然回首，已经收获了幸福。

女人年轻时要狠，我认为在这本书里"狠"的定义是：要勇于突破自我，努力开创未来，要清楚自己当下的处境与未来的方向。年轻时狠，不浑浑噩噩，老了之后才会过得很好；年轻时不狠，那么等老的时候就知道命运会对你非常狠。幸福从来都不远，就在自己手中；幸福不用回答，女人越"狠"，也就越幸福。

我写这本书，说的是事业与爱情，适合所有年龄层的女性阅读。不要以为没有事业就不用看这本书，别忘了，"婚姻"就是你的事业。如果你想要改写过去那种不知所措又不知所云的日子，这本书将会带给你很多启发。

最后我想说，出版这本书，除了希望送给所有有缘的女性朋友之外，还有一个很重要的目的，就是把这本书送给我的两个女儿，希望她们能从书中了解我全部的想法，这是我送给她们最好的礼物。而本书的版税所得都将捐给中国台湾"照顾生命协会"，我希望能通过这种方式帮助更多的流浪动物，我想这也是一件功德吧！

老公序

“超棒！牙医竟能教丰胸”
——我所知道的翁若蜜

你们不要看这本书的作者是一个很漂亮的女人，就认为她很温柔贤惠，其实我心中对她有很多的不满。但是，这些不满平常只能往肚里吞，哪敢说出来？

天底下的老公有两种，一种是怕老婆的，另外一种呢？是非常怕老婆的！我就是后者。我之所以愿意写这篇序文，是因为老婆答应我不删改任何一字，让我尽情发挥。好个“尽情发挥”，根本是“大鸣大放”的阴谋！挣扎了许久，我还是冒着生命危险写下这篇序文，是生是死，书出版后你们就知道了。

台湾的读者知道翁若蜜这个名字，是因为她曾经上过电视新闻，十几家电视台从早上连续播到晚上，不想记得她都难。是因为什么事呢？说来都是我的错！

怎么说是我的错呢？请读者耐心听我说下去。几年前，我转型从事医学美

容治疗，刚开始时主打减肥和丰胸项目。为了引进最新的医学知识和治疗技术，我们除了去大陆以外，还去了意大利、法国、美国和韩国等国进修、开会、研习，并和当地许多学者交换经验。老婆为了帮助我（这是官方说法，其实是监视，免得我犯了天下男人都会犯的错误），放弃牙医的高收入，专心在诊所帮忙咨询和宣传教育。

其实这原本是件很平常的事，各位如果去过医美诊所咨询过的话，一定知道在医美诊所担任咨询的，很多都是漂亮的女生，美其名曰“咨询师”，其实什么师都不是，有的连护理师资格都没有，都只是比较会说话、会“砍单”的女生罢了。我老婆至少还是专业的牙医，有医学背景，试问有哪个咨询师比得上？

问题来了：其一，诊所上上下下都叫她“翁医生”，让人误以为她是在诊所执业的医生。其实牙医之间也互称“某某医生”，没有听说哪位牙医会称呼另外一位牙医“某某牙医生”。其二，翁医生一直有两边胸部大小不一的困扰，大约差了一个半罩杯。其实我很迟钝，一直没有发现，也不知道这个问题对她有这么大的困扰。想要改善这个问题，翁医生偷偷地不知道花了多少钱、用了多少方法、去了多少家美容中心、吃了多少亏，所谓“久病成良医”，她也学到很多经验，因此在诊所她会时常教导前来求诊的“美眉”保养及按摩等知识，我只负责诊断和治疗。

媒体发现有这么一位美女“医生”在“教丰胸”，纷纷邀请她上电视讲解胸部保养知识。人红是非多，有一天，突然有人爆料说翁医生是牙医，居然帮人看诊治疗丰胸。“帮人看诊”和“治疗丰胸”都不是事实，唯一的事实是她是牙医。各位，没有医学背景的一大堆老师在电视上教人穴位按摩、排毒饮食，都没有问题，为什么牙医教人丰胸按摩就有问题了?

翁医生从来没有否认自己是牙医，也以牙医为荣，只是她放弃这个高薪的工作，想帮助更多和她有类似困扰的人，这是非常崇高、非常了不起的事，却被某报用“超扯！牙医竟教丰胸”为题大加报道，主观污蔑的标题对当事人伤害非常大。我认为标题应该改成“超棒！牙医竟能教丰胸”才对！

好了，为什么说这是我的错呢？这件事让我老婆不爽，老婆不爽，老公就有错，先认错再说啰！

再来说说我的不满吧！嗯……我数了一数，写到这里已经有1300多字，可以交差了。其实……其实我对老婆也没有什么不满的，我老婆是一个完美的人，每天都洗澡，起床后会马上刷牙，开车会系安全带，遵守交通规则，过马路会礼让行人……没有什么缺点，真的，真的没有什么缺点，你们一定要相信我……

大女儿序

最爱我的酷辣妈

我的妈妈很不一样，不仅因为她有靓丽年轻的外表，她还有高学历，并善于处理人际关系。妈妈对我的影响很大，让我懂得如何去替自己打算，往往在我迷惘的时候帮我指点方向。假日和妈妈出门的途中，她总是不停地说教，我只把那些当作唠叨、耳边风。但日后，我会从成功的名人口中，或是从身边的老师、学姐口中，听到教导我如何做人、如何思考的话，说的往往和妈妈耳提面命的内容雷同。

不只是在为人处世方面，在衣着打扮和服饰方面妈妈还时常给我建议，她一点也不古板，我很荣幸有一个总能给我客观评价的妈妈。她还告诉我，要有良好的生活习惯，比如，洗完澡就要把浴室清理干净、调闹钟自己起床、衣服不能随手乱丢，这些杂事看起来微不足道，却是能看出一个人素质的细节。妈妈知道什么时候限制我、什么时候让我自己作决定，在学校的琐事几乎都是我自己处理，请假或上补习班也由我自己负责，妈妈只看我最后的成绩。我想这就是所谓的自主学习吧！有时候妈妈也会像朋友一样，陪我和妹妹聊天、逛街、看综艺节目。

要升高中的时候，我开始对学习感到厌烦。妈妈总是持续地督促和鼓励我，但当时我很讨厌她，认为她剥夺了我的自由。后来妈妈极力劝我考第二次基测[①]，一个多月的冲刺和一些运气，让我有幸考上北一女中。

高一刚开始，因为跑社团的关系，我常常和爸妈吵架，很不能谅解他们才高一就又开始注重我的成绩，不喜欢父母直接替我选择未来要走的路。但后来因为一些机缘，我开始喜欢并且极力想走父母替我选择的这条路，也很感谢父母之前的坚持，现在需要的就是靠我自己的毅力去达成。

我真的很幸运能有这样的母亲，让我在很安稳的环境中顺利成长。书中的内容很多都来自于妈妈平常给我们的教诲，因此我很推荐妈妈的这一本书，也希望读者能够和我一样从中学习到做人的道理。

---

①“国民中学”学生基本学力测验，简称基测，原始测验为“标准参照”形式使用，仅作为升高中的部分参考依据，后来迫于社会舆论及家长团体压力变为“常模参照”形式，分数作为升高中的主要参考依据。

小女儿序

我心目中最与众不同的妈妈

谁说“天下的妈妈都是一样的”？在我心目中，我的妈妈就是与众不同！我的妈妈是个女强人，任何事都难不倒她，这些年来经历了各种风波，我从未看过妈妈倒下，她总是一个人独自扛下所有困难并一一解决。然而我最敬佩的是，妈妈从不会将疲惫挂在脸上，她的脸上时时刻刻都挂着一抹微笑！

或许你们认为人是会渐渐衰老的，但我的妈妈不一样，她不仅外貌越来越漂亮，心态也越来越年轻。在我眼里，妈妈所说的每一句话都宛如圣旨，不听就等于失去了一个人生经验。我非常推荐这本书，因为我妈妈超乎想象的能力绝对不是一天两天就能学会的，相信各位读者看完这本书后必定获益良多！

目录

Contents

Part 2 太天真的女人没有幸福

Contents 目录

Part 3 是你选择生活，而不是生活选择你

目录

Contents

Part 4 做你自己 :· :·

Contents 目录

Part 1

爱，就主动出击

第1章
不要让爱情主宰你的人生

女人宣言

女人自爱而后人爱；
自宠而后被人宠爱。

感觉，只是爱情的开胃菜

爱情，是生活中真枪实弹的付出与获得。

男人为什么要爱你？因为你长得特别漂亮、身材特别火辣，还是因为你们之间有很多浪漫的回忆？很多自恃外形美艳的女人到最后仍会被取代，无论多浪漫的回忆都会被淡忘掉。你还不懂吗？爱情是“现在进行时”，不要以为“过去时”的爱情现在仍会很新鲜。人都是健忘的，就算没有忘，多年前的感觉也已经淡然无味，唯有当下的感觉才是强烈的、能够吸引人的。

所以，千万不要以为男人以前很爱你，以后也会一样很爱你，那是你自己的想象。男人只知道他以前很爱你，但当下有没有很爱你是另外一件事。

在一些电影桥段中，男主角怀抱着情人，用爱恋的眼神看着她。他和老婆之间美好浪漫的回忆依然存在，只是爱情降温了，而外面的女人更能燃烧他的激情。于是，男人就出轨了，此刻他爱的是怀里的这个女人。像这样的故事在我们的生活中也不难发现，有些女人长得美，嫁的老公温柔又体贴，夫妻俩在人前人后都恩爱甜蜜，你以为这就是王子和公主最后的结局吗？并不是，故事没有走到最后，还不能见真章。你要看的不是他们之间“够不够甜蜜”，而是这两个人之间是不是“不能没有彼此”。

“够不够甜蜜”和“不能没有彼此”是两回事儿。说穿了，男人和老婆可以很甜蜜，和别的女人也可以很甜蜜！这有何不可呢？面对的人不同，感受不同！老婆给的甜蜜和小三给的甜蜜不同；38岁女人给的甜蜜和18岁女孩给的甜蜜更是不一样。“甜蜜”是一种可以被取代的东西，不会只专属于夫妻之间，所以要靠夫妻甜蜜的记忆去共度一生、创造美好的未来，那叫作偶像剧，是现实生活中不会发生的情况。

如果你是一个称职尽责的家庭主妇，老公是公司主管，他有没有可能有外遇？你也许会说：“家里有他很多美好的回忆啊！我们一年出国三次，还保存很多温馨甜蜜的照片；他以前追求我的时候非常真诚，付出很多；他在结婚礼堂上说出的誓言都不假，而我当时也是一个漂亮的新娘子；我们有了孩子的时候，他是多么开心；每次我对他撒娇，他都难以抵抗。”是的，这些都是甜蜜的点点滴滴，无法被取代。但是光靠这些，还是无法抓住男人，除非你的男人绝无可能接触到除了你之外的女人，否则，他就会因为瞬间的感觉很好而和别的女人来一段“甜蜜回忆”，哪怕只是一个暧昧的眼神。

所以，我要劝所有女人，不要活在过去，不要以为你以前付出了很多力气和他经营的甜蜜回忆可以抓住他。要记住，人会不断遇见其他人，会因此改变自己旧有的想法，爱情的经营只靠甜蜜回忆是不够的。

那么，经营爱情靠的是什么？靠的是“彼此不可被取代”的需要。想想看，这世界上有那么多比你年轻漂亮的女人，她们可能比你更爱你的老公，比你还会制造浪漫，比你更温柔体贴，可以把你的老公照顾得无微不至。这些都可以轻易把你取代掉，那么你手中有的筹码是什么？就是你对另一半的了解和熟悉。你可以轻易解读他的一言一行、一声叹息、一个眼神，迅速知道他此时需要的是冷静还是被安慰，这是你比别的女人更清楚的地方。

除此之外，你们一起走过的人生，那些点点滴滴也让你了解到哪些事情对他最重要。不用他提醒，你就能轻易知道，这是专属于你的筹码。如果你能根据这些“特殊了解”去呼应他生活中的需求，那么即使外面的女人给他再多的甜蜜都没有用，因为那只能算是逢场作戏，只有老婆才懂得他的真正需要。

因此，进入婚姻之后，要努力创造出自己独一无二、不可被取代的价值。

女人年轻时笨，老了就惨

不小心选错男人是“失误”，选错了男人，还心甘情愿地付出就是“愚蠢”。

很多女人活到中年，还是过着很糟的日子，没车、没房、没存款，身边没几个信得过的朋友，和别人凑在一起时会像机关枪一样说着男人的坏话。没有积累下资本的女人过着自我毁灭的日子，把自己不愉快、不满意的生活到处说给人听，期待从别人的同情中发展出友情、爱情，结果发展出来的只是一堆废墟。

如果仔细观察这种女人的人生，会发现她没有从失败中得到教训。18岁迷恋帅哥，到了38岁还是被帅哥骗得团团转；20岁拜金，一心想嫁入豪门，到40岁还是在被假豪门骗；25岁时深信某个不工作的男人的才华总有一天会被发现，可到了45岁，那个男人还是像吸血鬼一样，继续吸榨她努力工作的所得，并且，连一张结婚证书都舍不得给她。

人生短短数十年，女人的青春更是宝贵，怎能经得起这样随随便便十几、二十几年的消耗！到头来能盼到的，只有逝去的年华以及越来越弱的社会竞争力。转眼间人就老了，女人终其一生浑浑噩噩的结果，就是“老无所终”这四个字。到那个时候，你才发现，原来你竟然没有一点点靠山（靠山可不一定是男人，还包括保险、资产和专业能力），只能一味抱怨自己的命不好。其实不是你的命不好，是因为你没有选对男人。

不小心选错男人是“失误”，选错了男人又不懂得要悬崖勒马是“自甘堕落”；被男人骗而选错男人是“不幸”，但被骗的时间太久而又心甘情愿就是“愚蠢”。

就连那些从小身不由己、被配婚的异域女性，长大后都知道要突破万难去离婚。如果你还在那里抱着爱情小说，喊着“缘分天注定”，那么接下来，没车、没房、没存款、没资产、没爱情的日子，你是过定了！所以，年轻女人一定要睁大眼睛选对男人。

选对男人，才有幸福可言

好男人让你进天堂，坏男人让你入地狱。

女人要想幸福，要从找对男人开始，没有找对男人，什么都是白搭。小时候，妈妈常常这么告诫我，而且还会举出许多真实的事例做证明。不管是亲戚发生的婚姻不幸，还是电视新闻报道的两性纠纷，只要她看到了，一定会趁机给女儿来一段教育："看吧！没选对男人，就要忍受他的外遇、暴力、游手好闲，看你以后敢不敢嫁那种男人！"我的答案当然是不敢，也不愿意。

相对的，如果现实生活中有一些婚姻幸福的例子，她也会告诉我，对我说某个叔叔对阿姨非常好，你看阿姨过得多幸福……选错男人和选对男人之后，人生就有着地狱和天堂的差别。

人帅、有钱，就会摆架子

人帅、有钱就会被宠坏，女人在这种男人面前，只能当爱情的奴隶。

我的人生注定下半场过得幸福又有希望，主要是因为上半场听了妈妈的话。我的妈妈知道，若是等女儿长大到被荷尔蒙牵着鼻子走而去谈恋爱的时候，再来和女儿谈择偶话题已经来不及了，所以在我很小的时候，她就开始对我“洗脑”。我建议如果你有女儿，应该记住这个原则，不要等到她已经被罗曼史小说和偶像剧蛊惑之后，才开始对她谆谆教诲。

从我小时候开始，妈妈就给了我重要的择偶观念，那就是：通常，人帅就会被惯坏，有钱就会被宠坏。女人在这种男人面前，是没有什么人格可言的，到最后只能沦为爱情的奴隶。

豪门不见得是好门

豪门的资产不是在公公婆婆手里，就是在老公手上，你算什么！

我妈妈是幼儿园园长，常常接触到孩子们的家长。他们很多都是有钱人，来接送小孩上下学的妈妈们长得都很美丽，但是我妈妈告诉我，那些阿姨们虽然看起来像贵妇般光鲜亮丽，有专属司机接送，实际上，日子一点儿也不好过。我在幼儿园看过很多豪门的媳妇，印象最深刻的是一位长得很像明星周慧敏的家长，她是香港某大豪门的太太，那时她就告诉我："嫁入豪门并不是你想象的那么好，你会有很多的不自由。"

不要以为嫁入豪门，豪门的钱就是你的钱，那是完完全全的误解。嫁入豪门之后，若自己原本就是有钱人，也只不过是不愁吃穿而已。够乖、表现够好，才会有额外的奖励。若是想要趁机挥霍，可就难上加难了，收入是“分发配给”的，因为资产不是在公公婆婆手里，就是在老公手上，你算什么！

事实上，如果第一代是白手起家的，你就要比一般上班族还要勤俭持家，否则你的婆婆就会不爽：你凭什么坐享其成？

从2011年的社会新闻，我们也能看出，豪门一点儿也不大方，一旦离婚闹上法院，想要到赡养费，那是很难的，因为他们比你有钱、有权、有势，有办法请最厉害的律师来让你一无所有。

这个“一无所有”是指连孩子都没有，谁要你过去都是靠别人吃饭？一旦离婚之后，没有谋生能力，经济环境就会变得不好，因此法官会把孩子判给男方。

最近听到一件让人诧异的事，某位在婚前拥有不菲收入的女强人嫁入豪门后生个儿子，可是老公天天流连在花叶间，还逼她离婚。可怜的她一边害怕孩子被判给爸爸，一边还担心自己的婚后财产要分一半给男人。为什么呢？因为那没用的男人长到那么大，还没有自己的事业和工作，还在领妈妈的零用钱，所以他的名下一点儿资产也没有！

所以，女人可不要看着男人背后的那道豪门就头昏昏、眼花花。如果没有两把刷子，门后的枪林弹雨可不是你承担得起的。

第2章
嫁给爱你比较多的男人

女人宣言

为博得自己心爱女人的微笑，
男人会心甘情愿地做任何付出。

男人不爱你，给他什么都没用

对于原本就不爱的女人，不管她付出多少，男人都不会因为感动而动心。

长久以来，女人都在烦恼，和“爱自己比较多的人”在一起，还是和“自己比较爱的人”在一起？在我看来，答案再清楚不过——当然要和爱你比较多的男人在一起，嫁给爱你比较多的男人，你才会幸福。

女人不要活得太一厢情愿，“付出不求回报”这种态度一点儿都不浪漫，而且对男人来说也没有什么价值。要知道，如果男人不爱你，你为他付出再多，对他来说，都没有意义。他的感觉就像是中大奖一样，虽然得到了，心情很爽，但花起来也比较挥霍、不痛不痒，不会像花自己辛苦赚的血汗钱那样，一分一毫都会珍惜及感动。中奖至少还有钱花，还很爽快，但在爱情里，如果男人“捡”到一个自己不爱的女人，他非但不会珍惜、不会心存感激，反而会觉得厌烦。好处，他拿了就走，但却希望你离他远一点。

至于笨女人们所期望的那种“感动他，让他爱我”的目标，更是不可能实现。如果在爱情里，女人爱男人比较多，就会很痛苦，每天都会患得患失，还要不断受到男人的冷落和伤害。

男人很奇怪，如果遇到他真心喜欢的女人，他会百分百投入，而且心甘情愿为她付出所有并在所不惜。

他心中在乎你，把你放在第一位，无论你做了什么、做得好或不好，都不会影响他对你的感觉，所以和他在一起，你会活得自由自在，那才是真正的爱情。在现实的婚姻生活中，你会很幸福，就算你炒了一盘超咸、超难吃的蛋炒饭，他也舍不得丢掉，会心疼，觉得你太辛苦了，最后还抢着帮你刷锅洗碗。你能想象那有多幸福！如果每天都活在这样的氛围中，你也会越来越肯定自己的价值，越来越自信美丽。

我不是要你嫁给一个你毫无感觉甚至厌恶的男人，对于那个男人，你还是要有喜欢的感觉。但如果你嫁的是自己很爱的男人，可那个男人爱你的程度却很低，新婚的时候你可能会非常开心，他只要多看你一眼，你就会高兴得如同枝头欢唱的小鸟。可是他对你的感情就只有那么一点点，就算相处的日子再久，也只维持在那种程度。他不但无法满足你越陷越深的爱情需求，还随时可能被其他女孩子勾引走，到时候你会非常痛苦。

所以，女人比较适合嫁给爱自己比较多的男人，为什么呢？因为女人是被动的，女人会因为一个男人对自己好而渐渐爱上他。一开始，女人只要有一点点喜欢那个男人就够了，只要男人持续表现优异，那么女人在日积月累的感动之下，会越来越爱他。相反的，男人在爱情中，表现得就比较主观，自我意识较强，他喜欢谁或不喜欢谁，很难被左右。如果男人一开始就不喜欢这个女人，那么不管这个女人对他付出多少，他都不太可能因为感动而爱上她，有时反而会因为不想“欠太多”而逃避她。

和不怎么爱自己的男人在一起，女人的爱只会让男人觉得你很啰唆，甚至想逃。

男人爱女人的美貌与身材，女人爱男人的财力与才气。

有才华的男人包你生活无忧

女人一定要选一个既有赚钱才能，又肯把钱给你享受的男人。

不要和没用的男人在一起，他们会像吸血鬼一样把你的快乐和希望吸干。像那种没有理想、三天两头换工作、整天吃喝玩乐的男人，你最好离他远一点儿。有一些女人才二十出头，皮肤却已经干涩晦暗，两眼看起来也很无神，不用想也知道，她一定跟了一个没用的“吸血鬼”。女人变成黄脸婆的速度和男人没用的程度成正比，这是铁律。

男人要有才华，这是老生常谈。不过以现在教育普及的程度来看，要找一个“什么都不会”的男人，还真是非常困难。不擅长读书的男人，可能音乐造诣很高；不擅长音乐的人，可能绘画天分很好；不会读书、不会音乐也不会绘画的男人，说不定还有其他一技之长。很多男人从小就被父母亲栽培得很好，多才多艺，那么他们算不算是有才华的男人呢？怎么看出一个男人有没有才华呢？

我认定的才华，是指有本事赚钱，要有一技之长，能混一口饭吃的能力，而不是弹吉他、唱歌的那种浪漫才华。举例来说，如果一个男人很会修车，而且还能以这种才华去谋生，为自己创造财富，那就是一个有才华的男人；相反，如果一个男人很会弹钢琴，却没有能力运用这个技能去谋生，那就不算是一个有才华的男人。

男人要具备才华，这是基本要求。拥有管理自己、照顾自己的能力，能够独立自主，才有资格进入社会参与竞争。

这种能力在目前这个竞争激烈的社会里更显重要。知识如此普及，想要拥有什么才华已经不是很难的事情，但若要有胜出的竞争力，就要使这些才华创造出真正的价值。

为什么男人除了有能力，还要有才华？因为拥有了这些，他虽然未必会让你非常有钱，但至少不会让你饿肚子。很多女人找对象，都以男人的资产值为最高指标，我认为这太过强求了，就如同我常说的："有钱没钱，那是女人的造化，也可以说是命。即使男人当下很有钱，以后的日子还是很难说。"

以前有位医学系毕业"钱程似锦"的女医生，嫁给一位药学系毕业的男生。当时她家里非常反对，她的朋友也不看好这段婚姻。可是谁想得到，后来这个男生竟然成为一间药厂的大老板！那位女医生理所当然地变成贵妇，那就叫作“命”。

众所皆知的郭台铭先生，也曾经穷困过。他的前妻可是台北医学院药学系毕业的美女呢！相信当初她妈妈也会质疑她：“为什么不嫁给前途看好的医生？”人生的变化起起伏伏，岂是常人能预料？一切都是命。一个人有钱没钱都是命，不能强求，但我们要顾好“基本盘”，“基本盘”就是要有赚钱的才华。

“很爱你”和“很有才华”这两个条件，说穿了，就是“爱情”和“面包”。我不要求男人本身多有钱，但是一定要有赚钱的能力，这也是很现实的问题。女人一开始一定要选一个很爱自己的男人，想要过富足的生活，那就得命运做一半的决定，而女人自己做另一半决定，女人能决定的这一半就是所选男人的赚钱能力。

男人有责任感，爱的品质才高

有责任感的男人，他的真爱就像名牌包，有质感且持久。

女人想要靠男人对你的爱无风无雨地幸福一辈子，那是不可能的。我常常听女人们在谈论“真爱”这件事，难道你们不觉得这太不切实际、浪漫过头了吗？你以为那些花花公子一开始追求的女人都不是他想寻求的真爱吗？也是啊！不然他们何必为一个女人贡献出这么多时间、精力和物质？问题在于这份感情不会持久！为什么？因为这个男人的基本品质不好，他的爱情品质当然也不会好到哪里去。

举例来说，一样是包，名牌包的耐用度和保值性就比较好。男人的品质也是一样，同样叫作男人，有责任感的男人，他的真爱就比较有质感且持久。

因此，除了要求男人要很爱你并且有才华之外，成为自己的丈夫、生儿育女之后，要再加上一个条件，就是“责任感”。站在一个“会嫁出两个女儿的爸爸”的立场，我老公也认为一个男人一定要有责任感。他明白男人的爱情并非绝对可靠，会赚钱的男人也不一定会想养家，但是责任感却可以稳定以上两个变数。男人如果很爱自己的老婆，在外面看到漂亮的女人，即使会一时心动，但是他的责任感会提醒他，自己是一个有妻小的人，外面的花花草草，看看就好，心动归心动，还是要回去养妻小。

如果没有对家庭的责任感，男人赚再多钱，也只是自己享受，不会顾及家里的妻小，他甚至会乱花钱，钱花光了，就让老婆去赚、去借。台湾很多有关婚姻问题的新闻事件都表明，没有责任感的男人，遇到大事，只会逃跑。

另外，有责任感的男人也一定是人生目标明确的男人，他会为了实现目标而努力，无论遭受何种考验都能坚持下来。不会今天情绪一来，想如何就如何，后果却要老婆和孩子承担。

要有选择的能力

 要让男人离不开你。

选择能力是什么？就是你要清楚自己选的是什么样的对象，他有哪些优点和缺点，最重要的是：你必须知道在哪个方面补强，让两人的结果更好一点。举例来说，假如你选到一个男人，很有才华也很有责任感，但是他并没有爱你多一点儿，你们两个人对彼此的爱是相等的，甚至你爱他多一点点（差太多的，就忍痛舍弃吧），那么你可以运用一些方法，在日常生活中训练他，让他感觉没有你不行，缺少你的日子过不下去，这样也许能稍微弥补一下。

万一他的才华有限，那么你就自认没有贵妇的命吧，虽然不能住豪宅、开名车，但也要尽可能补足现实生活所需要的柴米油盐等基本需求。

原则之外，总有灵活变通的方式。如果他的责任感没有到达一百分，即使只有六十分，依旧是可造之材，你还是可以想办法提升到八十分。

如何让自己在爱情里少受伤害

才华、责任感、给你的爱比你给他的多，有这三个前提在，女人就不会那么容易受伤害。

有的女人明明知道那个男人是个花心大萝卜，但就是没来由地爱他。大学时代，我们中山医学院营养系有位同学，长得很漂亮。那时有位大她八岁的医学系医生在追求她，也有和她同年的医生在追求她。那个大她八岁的男生对她好得没话说；而那位和她同年的医生却对她若即若离，感觉上有她也好、没有她也无妨。结果她选择了后者，她就喜欢那种被虐待的感觉，有一些女生就是要这样才有恋爱的感觉。所以，不要说男人的个性不好爱虐待身边的女人，换个角度来说，男未婚、女未嫁，女人也有脚，为什么被欺负了还不跑？那是因为有些女人真的是有

“被虐待”的特质！

有男人为她着想，为她做很多事情，想讨她开心，她却不喜欢，偏偏喜欢为另外一个人全心付出、牵肠挂肚。这是她的个性使然，可能她就是喜欢照顾别人，发挥无限量的母爱。那样的女生较喜欢嫁给一个她爱他比较多的人，她没有办法慢慢地培养感情，她喜欢像大姐姐一样去照顾她的爱人。但是，这种大姐姐式的爱情，必须注意避免让自己受到伤害，在择友时就要先看好——那个男人有没有才华、有没有责任感、有没有很爱你。

女人面对爱情的态度，学问千百种。以上这些，如果你都能做得到，那么你距离快乐和幸福的目标应该就不远了。

眼泪是女人最厉害的武器，拿捏得当，其威力有如原子弹爆发；过度使用，则会令男人避之唯恐不及。

第3章
与失恋的PK

女人宣言

想要取悦男人，

女人首先要取悦自己。

不管曾爱得多轰轰烈烈，时间可以治疗一切

会把你气到想要寻短见的男人，这辈子都不可能再重视你了。

1983年香港TVB版《射雕英雄传》成为人们心目中的经典，其中最令人难忘的角色之一就是翁美玲饰演的娇俏的黄蓉。令人扼腕的是，她却在事业黄金期煤气中毒自杀身亡。究其原因，却是为情所困。年仅26岁的她，香消玉殒，给深爱她的人们，留下难以磨灭的遗憾。

爱情本是甜蜜的，但为情所困的人们，却让爱情总是那么伤。自古以来就不乏以身殉情的痴男怨女，现在我们常在电视新闻、报纸杂志上看到，有一些女人因为感情失败而寻短见，真是叫人不胜唏嘘！特别是一些年纪轻轻，处在花样年华的女孩，为了一个不爱她的人而走上绝路，这是怎么算都划不来的事情。下面，我就“算”给你看：

第一，不爱你的男人对你没有责任感。不管你日子过得多糟、多痛苦，他都认为与他无关。更冷漠无情的男人还会当你是疯子、麻烦人物，不想再和你有一点点牵扯。

第二，你谈过几场恋爱？这世界上形形色色的男人那么多，你又认识了几位？你只和最糟糕的那个男人谈恋爱，却因此放弃和其他好男人交往的机会，因噎废食，会不会太可惜了？

第三，你以为你和他之间的爱情是最深刻、最浪漫、最无可取代的，但这是一场男主角摆烂、缺席的爱情，他根本不会谈爱情，不值得你牺牲生命。

第四，人活着就是最重要的事情，活着才可以改变一切，活着才可以享受一切，死亡只会让一切的纠结停在那里，让你的灵魂永远停留在最痛苦的时刻，所以你一定要活着。

为什么女人遇到感情问题会想寻短见？主要有两个原因，一个是感情问题发生的那一刻十分痛苦。有过失恋经验的人都知道，那可真是度秒如年，生活有如行尸走肉，连呼吸都会痛。而女人想从这种痛苦里解脱，却又不知道怎么做，因此才会走上绝路。

另一个原因是，女人希望借此来唤起男人对她的重视。当你有这种想法的时候，请对比一下恋爱中的情侣。那备受疼爱的小女人皱了一下眉头，她的男人马上紧张到心脏快要跳出来的样子；而你却需要捅自己一刀，把自己伤得体无完肤，才能让你的男人来看你一眼。相较之下，

这种感情实在没有价值可言。

通常，会让你想寻短见的男人，这辈子无论如何都不可能再重视你了，所以还是省省吧！

对于离开你的男人，你要想想，自己失去的只是一个不爱你的人；但是他失去的却是一个很爱他的人，其实那个男人才是最大的输家！

没有一个人值得你为他放弃生命

有些女人会因为得不到男人的爱而去寻短见，这算是为爱牺牲吗？

这几年，地球不幸发生了很多大灾难，风灾、水灾、地震、海啸等夺去数万人的生命。其中有许多因突如其来的灾害而和亲友生离死别的感人故事，丈夫为了救妻子、母亲为了保护自己的孩子，都不惜牺牲自己的生命。他们在万般无奈的情况下，为了所爱的人，不得不做此选择。可是，若是因为得不到一个男人的爱，就为他去死，这算什么“为爱而死”？这不就是自己的欲望没有得到满足而做出的任性行为吗？

也许你会说，分手很痛，失去一个人，心真的很痛，该怎么办呢？

面对分手的痛苦，第一时间产生的念头是非常重要的，只要事先拥有正确观念，勇于突破第一时间在心中涌起的那股痛意，那么接下来缝合伤口的痛，也就一定能挺得过去。所以，在女儿很小的时候我就告诉她，生命是很珍贵的，如果有一天，你真的很想跳楼，我也不会阻止你，但请你先去试一下高空弹跳，体验一下跳楼的感觉，至少还有个反悔的空间——跳到一半，你若后悔了，它还会弹回来！

有一些跳楼的人跳到一半就后悔了，可是再也回不来了，真的很冤。法医发现多数跳楼死亡的人，在落地前都会下意识地用双手撑住地板，以为这样可以缓冲落势；而许多上吊自杀的人，在断气之前的动作都是双手抓住绳索，想要解开绳索。我相信爱惜生命是人的本能，有时只是被一时的情绪牵着走，把“死亡”这件事情想得太简单。如果你有过“濒临死亡”的经历，你的脑袋里就不会只有“自杀”这两个字，不会只剩下“痛苦绝望”的概念。

有些原本日子过得糊里糊涂的人，因为生了一场大病，有过濒临死亡的经历，便悟到生命的可贵，开始用心过日子。

每一个人都有权利做任何事情，如果一个人打定了主意要自杀，那么谁也拦不住。有一些死意坚决的人，在短时间内，被阻止自杀好几次，最后终于自杀成功。所以，我并不是要告诉仍在痛苦中的你不要去跳楼，而是在跳楼之前，先去试验或想象一下它有多恐怖，可能会脑浆迸裂、手断脚残……再想想那件令你痛苦的人或事，是不是值得你这样作贱自己？

如果你已经跳了好几次，感觉上瘾了，那就请再有些实验精神，到世界各地去尝试不同方式的高空弹跳：桥梁、吊车、直升机、热气球，并在这个过程中读一读我的这本书，相信你会找到“柳暗花明”的希望。

爱上一个人可能有很多不同的理由，但不再爱一个人往往没有理由，只是爱的感觉不见了，如何让这种感觉延续并转化为需要，是每个女人一生都要面对的重要课题。

活着，才有机会改变

如果你感觉小三抢你的男人很不爽，那就好好活下去，教训她的嚣张。

想要扭转爱情里被挫败的形势，你就非得好好活下去不可，因为只有活着，才有机会改变。如果你觉得那个甩掉你的男人很无情，你就要好好活下去，修理他的无情；如果你认为小三抢你的男人很霸道，你就要好好活下去，教训她的嚣张。事情就是这么简单！你不一定要熬到局势翻盘，可至少要忍到自己重新开始快乐。他们过得好或不好，都与你无关，但你自己要过得好。

在现实生活中，没有一个人值得你为他放弃生命，因为你的生命是珍贵的。一个活着的人可以改变许多事情，也可以为身边的人做更多贡献，只有活着，才能见证到世间一切的是非好坏。

在漫长的人生路中，有太多难以闯过去的关卡，而在这条道路上，我们都会受伤。有时候，真的感到后继无力了，该怎么办呢？或许，你觉得从高处跳下去会是一个痛苦的终结，但我建议你不妨抱着“好奇心”停住，看看日后的演变究竟会如何。

举例来说，你再等一个星期，或许就会发现那个小三也被甩了，男人又爱上了另一个女人。一周之前，让你恨得牙痒痒的女人，如今也很失意。你可以抱着“冷眼旁观”的心态，坚持活下去，看负心汉的下场会如何。如果那个人很对不起你，那么你根本不需要做任何事情，也能见证一个始乱终弃的男人因果循环的报应。

痛苦很强烈，但那只是一时的。人的生命力其实很强，会自行修复。就像你受伤流血了，第一时间一定痛到抓狂、想捶墙，后来缝合伤口时也很痛，每一次换药都会痛，可是，渐渐地，你会发现，疼痛的程度虽然没有减弱，但却没有像第一时间那么惊慌，内心有底了，所以要试着与“不能逃避的痛”和平共处。这样，伤口会逐渐修复、愈合，你也会越来越有信心和希望。

我们内心的伤口会逐渐修复，只是每一个人体质的不同，所需时间有长有短，但时间会冲淡一切，所有的伤都会有痊愈的一天。

时间是失恋的特效药

亲爱的，你得做点别的事情，真实地为自己打算才好，每失恋一次就要花三五年的时间治疗，你以为你的青春和人生有多长？

虽然失恋之后，你的好朋友、家人都会告诉你："时间可以治疗一切。"可是在当时，你绝对不相信时间可以治疗心中的伤，但这是千古不变的定律——时间真的可以冲淡一切。

或许当时的你很痛苦，觉得治疗情伤是一条漫漫长路、永无止境，但那只是一时悲观的想法，事实并不会如此。在我们身边只要随便找一找，就可以找到一堆有失恋痛苦经验的人，不管男人还是女人，而且只要你有机会听听他们的故事，会发现比你还要凄惨的人，其实有很多。他们如今过着怎样的生活呢？他们有没有"从此完蛋"呢？你也看得出来，答案当然是“没有”。那些已经让痛苦过去的人，现在活得很好、很快乐，而且回想起以前“不可能撑过去”的念头，只会觉得自己很幼稚，太爱钻牛角尖了。时间或许不能把一切恢复原状，让你像从未经历过这一切一样，但是时间一定有办法“淡化疤痕”，让你继续容光焕发地往前走。

只要有过失恋经验的人一定都知道：不管你曾和他爱得多么轰轰烈烈，时间是治疗一切的最佳妙方。差别只在于：有的人可能需要三年才能走出这个阴影，有的人需要五年，而有的人可能只需要两个月甚至一个月就能办到，这是人的个性不同所致。在这段时间中，你不能每天坐在家里无所事事地回忆过去，任凭一切不快乐的思绪啃蚀自己已经百孔千疮的心。

亲爱的，你得做点别的事情，为自己努力一下才好。不然每失恋一次就要花个三五年的时间治疗，你以为你的青春和人生有多长?

你一定要了解自己的个性，知道做什么可以让自己快乐。就算做任何事情都无法让你快乐，至少要把注意力和精神从“我很痛苦”这四个字中转移出来。举例来说，如果你是一忙起来就会什么都忘了的人，那就一口气做完十项工作，等到工作把你累得筋疲力尽时，再回想起那段失恋，就好像没那么严重了。

痛苦时不要活在当下，去挥霍快乐吧

过去你那么小心翼翼、省吃俭用，竟然没有得到幸福！何不在这种对人生不爽到极点的时候，试着换个方式活着？

在这个释放痛苦的关键时刻，有自己的兴趣很重要，它能让你投入在一个足以令自己沉迷的事物当中，让你没有多余的精力反刍失恋的痛苦、加剧内心的伤害。有些女人爱疯狂购物，在正常情况下，这是一个很糟糕的兴趣，可在关键时刻，这种沉迷反而能够救你一命。如果狂买到倾家荡产能让你心情好很多，那你就去买，放纵地买，狂妄地买，反正你连自杀都不怕，还有什么事情是不可以做的？若顾虑太多，那么至少去买几个以前从来不敢奢望的名牌物品来享受一下。

过去你谨慎刷卡、量入为出，非常努力地工作赚钱。何不在对人生不爽到极点时，试着换个方式活？从乖乖女到败家女，从小家碧玉到浪荡不羁，两种生活都体验以后，或许你会觉得这世界可以留恋的事物还真多！

疯狂购物之后，接下来迎接你的，就是如同雪片般飞来的账单。当你变成卡奴的时候，你要怎么办？迫于现实，你要去赚钱。当你忙着赚钱还信用卡的时候，你还会在乎那个男人有没有给你打电话吗？

你得花几年时间努力工作还债。这段时间当中，你在改变，你遇到的人也在改变，你的机会也在改变，只要你没放弃自己，一切都在改变之中，你所面临的痛苦也会逐渐被转移出去。最后，生命会带你去到一个很平静的地方。

这可不是开玩笑！失恋就是要这么对症下药，要了解如何能让自己很快走出这个伤痛。每个人都可以走出伤痛，而你要想的是：如何让自己不浪费太多时间在这个上面，尽快回到生活的正常轨道——赚钱、工作、快乐生活。

把时间放在“沉迷于痛苦”上，真的是一种浪费，等到有一天你遇见了幸福，你就会明白这个道理。逛街血拼、全身SPA、自助旅游等，可以感受到幸福的事情太多太多，而人生实在太短，多花一秒在旧恋情上，真是一点儿都不值得。

第4章
交往时多看多想，幸福才会稳固

女人宣言

男人的魅力之一，
在于身旁拥有一个有魅力的女人。

自己做个好女人，去找一个好男人

好男人跟好女人很难碰在一起，但不遇则已，一遇惊人！两者一旦相遇，迸发出来的火花便是惊天地、泣鬼神！

一个好女人应具备的特色是什么？就是不主动去追求男人。好女人自己就很棒，长得漂亮、成绩优异、专业能力强、工作能力佳、家世简单清白。好女人通常在社会上拥有独立自主的谋生能力，不需要依赖男人，所以就算喜欢上某个男人，也不会主动去追求他，而是让他发现自己的存在。

好男人的特色也是如此，长得帅、家境好或者是赚钱能力强。因此，好男人必定会吸引许多女人。

你认为自己是个好女人，希望对方是个好男人，但因为你觉得自己比别的女人棒，所以即使那个好男人旁边时常围着一堆美女，你也不会对好男人主动出击。

但是你要知道，好东西大家都抢着要，好男人很快就会被别的女人抢走，所以碰到好男人，你就要想办法占为己有，不要觉得倒追是丢脸的事。聪明的好女人，就要当自己的幸运之神，一旦好男人成为你老公，只要经营得好，婚姻生活的幸福指数一定破表。

我跟我老公是怎么在一起的呢？其实，一开始我并没有很喜欢他，所以他一定、肯定、必定要先为我付出，我才会偶尔、有时、稍稍地给予回应，这是很自然的道理。当然在刚开始认识的时候，我老公心里一定会想："你拽什么拽！"所以交往过程中，我们也分分合合好几次。后来我们之所以会在一起，是靠我妈妈从中牵线。她认为我那时候的男朋友（就是现在的老公）是个不错的对象，所以就自己买了一个BP机，要送给我男朋友，叫我去问他家里的电话。就因为妈妈从中帮忙，我和他才又有联络，再度交往，最后结了婚。

记得在十几年前，报纸上有一篇关于两性的文章评论，其中写道："好男人跟好女人很难碰在一起，一旦好男人跟好女人碰在一起，迸发出来的火花就不得了。"他们将来不一定能赚非常非常多的钱，可是他们在各方面的结合都会让别人羡慕。

趁年轻，要多看多想

你不要一被追求就晕头转向，一看到帅哥就神魂颠倒，那样的结果都会很惨，几乎没有什么例外。

我和我老公第一次相遇，是在我们大一的迎新舞会上。我刚进大学时，学校举办一场迎新舞会。那时他已经毕业两年了，回校参加迎新舞会当然是“醉翁之意不在酒”，其实就是想看看有没有长得漂亮、个性又不错的学妹。当时，他就看到有一个女生似乎当壁花[①] 很久了，感觉应该是外校的学生，因为她身穿短裙，打扮得很时髦，也称得上是一位

①台湾歌手阿雅有一首很有意思的歌叫《壁花小姐》，歌里描述了一个女孩打扮得花枝招展去参加劲爆舞会，幻想能够成为舞池中的闪亮女主角，得到无数美男子的青睐，不料无人问津，才发现自己原来是一朵可怜的“壁花”。

绰约佳人。对！那个女生就是我！他认为我看起来很单纯，比较好“下手”（因为我才高中刚毕业啊），于是他便来邀我跳舞。他问的问题，我都老实回答。

如果对方是那种常常参加舞会，令人感觉很油条的痞子男，我若不喜欢，就不会讲实话，只希望能快快结束。可是那时我就是呆呆的，因为那是我第一次参加舞会。我虽然不喜欢他，可还是从头聊到尾，就是不知道该怎么拒绝。后来就赶紧向身边的男同学使眼色，让他们来约我跳舞，因为我不喜欢眼前这个学长，他不是我喜欢的那一种类型。

舞会结束后，他还特地跑来跟我说拜拜。隔了一个礼拜，我就收到信了，是他寄过来的。还没拆开前，有一个鬼灵精的同学看到邮戳是“阳明山邮政”，便告诉我“阳明山邮政”就是指对方是当兵的。那时才大一新生的我，觉得很奇怪，因为我并没有认识什么当兵的人。将信拆开一看，才知道是他。

当然中间有很多的追求过程，但我起初不喜欢他，后来一直观察他对我的诚意以及各方面的表现，觉得放心后，我才放感情进去。

我建议年轻的女孩子，在感情路上一定要多看、多想。多看一些男生，你才有可以互相比较的基础，知道多数男生是什么样子的，而追求你的这一个人，他的人格特质有没有在平均值以上？是不是最爱你、最有能力的那一个？千万不要一被追求就晕头转向，一看到帅哥就神魂颠倒，那样的结果都会很惨，几乎没有什么例外。

女人的幸福千金难买，只有靠智慧才能获得

自古以来，男人的外表就不是PK 的主力，一个男人在社会上能活得很好，靠的是实力。

我妈妈不认为嫁给有钱人是最好的选择，因为“有钱”不代表一定能幸福，你会为那个“有钱”的人付出比一般人更多的代价，但是最后却不一定“有钱”。“豪门”两字只是一根吊在女人面前的胡萝卜，看得到却不一定吃得到，但加倍付出是一定需要的。

她认为女人幸福很重要，一个幸福的女人，一定是有智慧的女人，而不是钱多多的女人。

除了提醒我有钱人不是最好的选择之外，妈妈更在意我是否被男人的外表所迷惑。很多女生到了青春期开始谈恋爱，首先就会被帅哥、型

男所吸引，因为外表是吸引爱情的主力。

我想，我对于帅哥的免疫力，是来自妈妈从小对我的“洗脑”，她不断提醒我：人帅不见得好。而且她只要看到报纸上、新闻上报道帅哥恶行劣状的，就会立即告诉我，证实她所言不假。

以前看“世界妈妈”选拔，她会指着那些中南美洲的漂亮女人，对我说，她们长得那么漂亮，身高至少都有一米七，她们的老公身高才一米五，还秃头，看起来很不相配，但是她们的老公可能是律师或建筑师，能让她们过得很幸福。有时候她看到新闻上那种花心、酗酒、赌博又不务正业的帅哥老公，也会指着他们告诉我，那就是帅哥的真面目，就算带出去很有面子，但私底下却要受这么多委屈。“这种中看不中用、好看不好吃的，你敢要吗？”她问。

她摆出丑男和帅哥之间的强烈对比给我看，让我知道，男人的外表并不重要，如果女人太在意男人的外表，就会毁掉自己的幸福。女人自己漂不漂亮最重要，老公丑一些没关系，老公只要爱你就好。

自古以来，男人的外表就不是PK的主力，一个男人在社会上能活得很好，靠的是实力。

小时候我会傻傻地问：“万一生出来的小孩很丑怎么办？”

妈妈说：“有什么关系？整形就好了！”想想也没错，外表要好看真是再简单不过的事情了，特别是现在的整形医学那么进步，想丑都很难。

我就是在这样的观念下长大的，因此在选择对象这件事情上，能自觉抵制那些过度浪漫又不切实际的毒素。

等我长大到可以谈恋爱的年纪，妈妈还告诉我，遇到想追求我的人，就叫他载我回来，和她打个招呼，让她看看对方是怎样的人。我很尊重妈妈的意见，如果她看了那个男生之后，觉得那个男生不好，那么隔天他再来时，我就不见他。那些男生都会觉得莫名其妙：前一天还好好的，怎么就突然不理他了？在妈妈没有认同那个男生之前，我都不会跟人家随便论及感情。

妈妈吃过的盐比你吃过的米还多，而且比你自己还担心会不会过得不幸福，所以当然要听妈妈的话。嫁给什么样的男人最好？妈妈给我的条件就两个：一定要很爱我；要有才华。现在看来，真的是金玉良言！

第5章 男人爱你，就愿意为你无怨无悔地付出

女人宣言

你长得够美，就是其他女人的敌人；
你长得不够美，
其他女人就是你的敌人。

男人帅很好，但对你好才更好

如果一个男人娶了他不爱的女人，他会很痛苦的。

如果你有女儿，不要等到她开始谈恋爱了，才阻止她如飞蛾扑火般地去爱帅哥，那就为时已晚了。同样从青春期走过来的你应该知道，那是千军万马都挡不住的。很多妈妈从孩子小时候就讲童话故事给她们听，只给她们看爱情甜蜜的一面，却没有提醒她们该注意的事情，爱情对她们来说就是根深蒂固的浪漫，结果等到她们长大了，初识爱情滋味就会伤痕累累。唉！崇拜又帅、又有钱、又浪漫的男生，会浪费掉多少原本可以幸福的人生啊？

所以，你要从小就给女儿灌输正确的幸福观念，根据不同阶段提出深浅不同的说法。举例来说，在我两个女儿幼儿园时期，看到来家里做客的夫妻，老公长相普通但是对老婆很体贴，我就会告诉孩子："你看，这个老公很疼老婆，对不对？老公就是要对老婆这么好。"

然后，等她们再长大一点，就跟她们说："你看，老公对老婆那么好，这个老婆是不是很幸福？"

"那你看，这个老公长得不帅，对不对？"这时候，小女儿当然回答说："不帅。"她们都觉得男人要长得像偶像剧里的男主角，那样才叫帅。我说："但是女人要的是幸福，不是帅！你看，这个老婆是不是很幸福？你看，爸爸对妈妈那么好，妈妈也很幸福啊！"

这样，她们小小的心灵就会慢慢杜绝由外表决定一切的观念。而且只要看到新闻报道上有自恃外表很帅的男人欺骗女友、劈腿、花心、打老婆等事件，我就赶快进行机会教育。

我并不是说帅的男人都不好，有些帅气的男人也很疼女朋友或老婆。我要教她们的重点是：不要看到一个男人帅，就什么都忘记了。你要记得，"帅"是他自己的事情，他要对你好才有意义。

如果男人真心爱你，他就愿意为你无怨无悔地付出，而且他还会从中感受到幸福。可是女人不一样，要女人付出全部的精神，那是很可怜的，因为她不只要服侍老公，还要服侍公婆，还要照顾小孩。如果还要花心思博得老公的欢心，那太辛苦了。

我女儿常回嘴说："妈妈，你都是教女儿这一套，如果我是儿子呢？"若是对儿子，那我就要教他不一样的，因为孔子说："人不为己，

天诛地灭。”如果是我的儿子，我会告诉他，要娶一个你爱的女人，但是这个女人的妇德一定要很好，丑一点儿没关系。我不会叫他找一个“她爱你比你爱她多”的女人，因为我知道，如果一个男人娶了他不爱的女人，他会很痛苦的。但女人不一样，女人嫁给一个她不爱的男人，可以因为这个男人非常爱她而渐渐爱上他，这就好像男人可以没有爱而有性，而大部分的女人是一定要有爱作为基础的。

男人的品质决定恋爱的品质

男人谈恋爱时都能假装自己是王子，但时间久了你就知道，青蛙仍然是青蛙。

一个人是什么样子就是什么样子，说穿了，牛牵到北京还是牛。一个落难的王公贵族就算沦落到三餐不继，一旦有饭可以吃，他还是可以保持优雅的吃相，这就叫作现实。

那虚幻是什么？虚幻就是浪漫小说告诉你的，那个男人对别人都很无情、暴力、冷酷、冷漠，可唯独在你面前像一只小猫般听话，但这是不可能的，这就是虚幻。时间久了，现出原形，原本是青蛙的，还是继续当青蛙。

女人喜欢讨论择偶条件要如何如何，其实很多人都没有认清现实，所有好处都想要一把抓。择偶的中心思想和你交朋友一样，就是找一个人格品质好的人来交往，确定了他的人格品质后，再下放感情。

有人说婚姻是一种赌注，但是在这个赌盘里，人们都希望输的概率可以少一点，赢面可以大一点。所以我希望我的女儿，不要因为一见钟情而掉入爱情旋涡，或者爱上那种很多人都喜欢的男生。她们最好能冷静地看待那些迷惑女人的外表，擦亮火眼金睛看到男人真正的原形及人格本质。

一个男人如果内在的品质不良，是很难转变的，有些男人就是这么无情！他不只是今天对老婆的投资不懂得感恩，换成是他的父母帮他，成功以后他也不会奉养父母，还是一样的我行我素，将一切视为理所当然。所以，这并不是他爱不爱你的问题，而是他本来就是这样糟糕的人！

想要在婚姻的赌局里少赔一点，你就要懂得观察，这是一个女人进入幸福婚姻的第一站。你要观察这个男人是什么样的人，从他对待朋友、同事、亲人等细微的行为中去观察，会说谎的人，就会对你说谎；对人很体贴的人，会对你更体贴。不只是女人要会观察，男人也要会观察！现在也有很多男人蛮惨的，会被老婆戴绿帽子，所以拥有敏锐的观察力以及客观的分析能力相当重要。

PART 2
太天真的女人没有幸福

第1章
女人要狠，就要先认清事实

女人宣言

娇滴滴的女人总是特别容易得到男人的宠爱，
所以若想得到男人的垂怜，
即使是女强人，偶尔也要展现柔弱的一面。

不是耍横，是耍心机

有些女人看起来温柔软弱，但是迎战“小三”的时候，却可以拿出“豁出去”的勇气，忍人所不能忍地面对种种难关。

女人要能耍狠，但怎么才能算“狠”？放狠话，让对方知难而退？还是一哭二闹三上吊，不达目的不罢休？

其实“嚣张跋扈”是“蠢”，不是“狠”。

真正的“狠”是目标明确、手段柔软，能一击命中敌方要害所在；是善用心机，掌握天时地利人和，把结果导向利于自己的一边。

有些女人为了争取男人的心，不管在穿着打扮还是言语谈吐上，都迎合男人的喜好，用尽“近水楼台先得月”的花招，这算是一种“狠”。

有些女人在婚前与婚后，为了经营家庭，会有一百八十度的转变，从无事一身轻的千金小姐，转变为顾小孩、顾老公的女战士。她当然想念单身时的自由悠闲，但是既然内心有一个明确的目标，她就会为捍卫自己的家庭，无所不用其极，这也算是一种“狠”。

还有些女人平时看起来温柔软弱，但是迎战“小三”的时候，却可以拿出“豁出去”的勇气，忍人所不能忍地面对捉奸过程中种种的难堪。

“狠”是一种了解现实、面对现实，而且下定决心去扭转乾坤的毅力。

我的婆婆就是典型的“狠”者。她总是轻而易举地吸引大家的关爱，她看起来娇小柔弱，却总能成功争取大家的注意与认同。当出现争执时，如果她选择斗强的话，只会让亲人备感压力，反而让亲人离她远去，所以她选择示弱，事事屈居弱势，处处以大家为优先考虑。这样一来，我们反而会心疼她。以退为进正是将局面整个翻转过来的秘诀所在。

如果女人够强势的话，以照顾者的高姿态发号施令，让大家都来依靠你、追随你，这也是一种“狠”。如果本性不够强势，无法正气凛然地斩将夺旗，你就必须学会如何识时务者为俊杰，这其实也是达成目标的心机。所谓“心机”就是心眼机灵，懂得灵活变通、左弯右拐地达成目标，这也是一种狠招，一种示弱的狠招。适时掌握进退之道，自然胜券在握，家中幸福岂容他人觊觎！

金钱关系决定权力关系

顺应权力关系去执行事务，才能达到没有矛盾、没有障碍的境界。

女人要懂得理财，不只是会买名牌，而是要清楚金钱流向，有能力斡旋于团体间的权力关系。参与任何团体运作，公司也好、家庭也好，第一件事就是要睁开眼睛仔细观察，清楚谁才是决定金钱流向的老大！

通常在家庭里面，掌握经济大权的人就是老大。与老大相处之道就是，做任何事情之前都要优先得到他的同意。如果眼睛不擦亮一点儿，以为天真可爱又浪漫就能得到宠爱，无异于以白痴行为招来祸端。有些婚姻之所以会失败，其实就是因为女人不分青红皂白、不知轻重，尽做些拿石头砸自己脚的事情。

现在的女孩都渴望嫁入豪门，殊不知进入豪门才是考验的开始。如果不识大体，就算嫁进豪门也未必能拥有幸福美满的家庭生活。这其中的关键就是权力关系，简单地说，要认清谁是你的老板、你该听谁的话以及嫁入豪门后，生活费用由谁提供。如果财经大权在婆婆手中，她就是你的老板，你就要严守本分、恪尽职守。如果搞不清楚利害，硬要在家庭中争取自由民主人权，高唱青春活力潇洒，那不叫有主见，反而是自取灭亡的蠢招。

如果仰赖父母的金援，就要听从父母的话；如果靠老公赚钱养活，那么他就是老板，就要尊重并体谅他的付出。假如反过来，你是家中的经济支柱，当然也会希望老公能多体谅、多配合你，让你更无后顾之忧地赚钱养家。这就是金钱关系决定的权力关系，它是自然而然产生的应对关系，伸手拿人钱财，理当手短一些、气短一些，只有清楚自己处在哪一种权力关系架构之下，才能拥有最基本的自保之道。

这叫作实际，也叫作现实，只有认清现实，顺着权力关系行事，才能行礼如仪！

理性与感性兼具，才是经营婚姻之道。感性能让你珍惜婚姻共处的缘分，适时发挥女人天生的温柔浪漫，才能融化男人的刚强；而理性能让你看清问题点，一针见血地各个击破。理性加感性才是无敌之道。

第2章
女人不能太骄傲

女人宣言

女人的外表就像金钱一样，
虽然不是最重要的，
但是没有亮丽的外表却是不行的。

高学历不一定造就高品质的婚姻

如果把“失去也没有关系”当作口头禅，就注定要全盘皆输。

高学历的女人时常在最后关头输掉婚姻，只有一个原因，那就是太骄傲。这种骄傲不是对老公颐指气使，而是对自己太有自信，觉得自己什么都不会失去，或者以为失去了也没有关系。当女人开始把“失去也没关系”当作口头禅时，就已经注定要全盘皆输。

那些无法独立自主的女人，反而能够稳稳抓住男人的心，即使她们毫无贡献，要依附男人过日子，却还能赢取男人的疼惜。原因就是她们真的很需要身边的男人，没有男人会危及生存，所以她们会用尽力气、费尽心思讨好男人，不顾一切地为自己争取存活的机会，那奋力一搏足以撼动天地。

高学历的女人通常有能力，也有独立自立的个性，她从读书到在社会历练，都是依靠自己的打拼与努力，就算不依靠男人也能过日子。男人并非生活中的经济支柱，倘若男人不爱她，她仍可以养活自己。这样看来，她确实没有必要依附男人，自然而然就无法放软态度，于是在“抓住情人或老公的心”这个环节，动力无法达到百分之百。相较之下，谁胜谁负呢?

让爱情能持久的方法，就是保持新鲜感；让婚姻能稳固的办法，就是保持自己不可被取代的地位。

事业成功不会理所当然地带来婚姻的成功

把事业和婚姻分开经营，才会婚姻和事业两得意。

没有一件事情是理所当然应得或不应得的，就算你的事业经营得如日中天，也不能保证在婚姻上用相同的方式经营，能有相同的效果。婚姻与事业看似本质相同，其实各有其经营诀窍。女人要同时把事业和婚姻顾好，在事业上要像个女强人，果决而强势，然而一旦打开家门，就要像个明白事理、顾全大局的女主人，那真的是截然不同的身份与立场。

对女强人来说，兼顾事业与家庭相当于蜡烛两头烧，要能面面俱到十分不容易。可是对一般家庭主妇来说，专注经营家庭生活，自然能恰如其分。一般的家庭主妇，整日为繁忙家务操劳操心，但是却没有收入来源，只依赖老公给的薪水与礼物，自然而然就会成为言听计从的小女人，根本没有为难之处。

现代人认为女人在家庭中的劳务也应该获得金钱上的回馈。但问题退回到原点，如果没有这个家，如果老公放弃婚姻，那你是不是就等于失业了？所以该不该好好表现，为自己提高绩效，争取“老板”赏识，让他失去你如同失去左右手？

想象一下，现在的女人都很有能力，她可能在结婚前就已经是医生，就已经是公司的董事长或者企业经营者，她习惯保持一派独立清醒、不假他人之手的作风，不讨好他人也不依赖他人，回到家里自然而然也是相同的面貌。要女强人回到家里就变身为婉约小女人，有些强人所难，因为她要负责的事情就是下达指令，她的压力和家庭主妇不能相提并论。如果女强人没有觉悟到分别经营家庭和事业的重要性，那么她很快就会被淹没在形形色色交错而来的压力中。

知名主持人陶晶莹是现代女强人的代表，她用心经营生活，在公众领域领导娱乐圈，在私人领域像个小女人，其间的为难与矛盾冲突，岂是三言两语能表达的？假如我们也像陶晶莹一样拥有较高的身份地位与赚钱的能力，在一天疲惫的工作过后，一打开家门，想不想抛下繁重的公务压力，轻松自在地休息呢？这时费尽一身力气为生活拼搏的我们，还能对老公百依百顺，凡事都以他为主吗？

我的情况和陶晶莹不一样，原则上我们家的经济由老公负责，我只负责诊所的部分事务，压力仅在于此，因此回到家后，也能轻松自如地扮演贤妻良母。但即使如此，碰上诊所事务繁忙的时候，老公偶尔也会抱怨，我连回到家里都和他谈公事，聪明的他会适时提醒我："这几个月我知道的只有上司，没有老婆。"我就明白应该回归到老婆的身份，对他温柔一点儿、撒娇一下，善尽小女人的职责。

很多女性在社会上崭露头角，表现得比男人还要优异，而且她们也时常感叹，没有办法找到足以超越她们，令她们心甘情愿当小女人的男人。我认为事业是事业，爱情是爱情，要以事业成功与否来决定爱情，那是很奇怪的事情。女人选择对象，看的不是男人比自己强多少，而是要看他是否真心爱你，是否有才华、肯负责。他的事业不如你成功，并不代表不能一起经营婚姻。你的脑子要清楚，要有智慧，把事业和婚姻分开经营，这样做你才会婚姻、事业两得意。

第3章
当老婆没有心机，就等着被淘汰吧

女人宣言

有些女人适合做妻子，有些女人适合当情人，

但有智慧的女人

却可同时将两个角色都扮演好。

别当婚姻里的鸵鸟

如果婚姻走到“老公什么都不要，只要和你离婚”的地步，女人自己要负起绝大多数的责任。

很多女人直到离婚时才哭哭啼啼地说自己很看重婚姻，把离婚的责任推给老公、推给小三，就是不好好检讨自己。你真的很看重你的婚姻吗？还是你很看重老公在婚姻里的贡献，让你不愁吃穿，连家事都不用做？

没钱花就向老公伸手，有钱花就和姐妹淘喝下午茶、血拼，对老公的要求置之不理，这算是重视婚姻吗？

或者是，面对各种在婚姻中出现的危机，却一点儿警觉性也没有，这算是重视婚姻吗？

只要做好为人妻、为人母的工作，男人就自然而然地心悦诚服吗？这是“活在自己的世界里”，更是“自我感觉良好”而已，距离捍卫婚姻还差得远！

做好贤妻良母只是应尽的义务，为了把握住婚姻，为了把握住幸福，必须要适时巧用心机！

女人步入婚姻的殿堂不代表从此高枕无忧，能理所当然地安享幸福。婚姻不是安乐窝，它需要用心经营；家庭也不是无菌室，它同样会面临风雨来袭的考验。我觉得，对婚姻一点儿危机意识都没有的女人，就像把头埋在土里的鸵鸟，蒙蔽视线自以为安全。举例来说，我有一个女性朋友，把老公放到大陆赚钱，自己在台湾乐得逍遥，和姐妹淘有吃有玩，对着姐妹淘炫耀说自己的命好，就算把身材放任到很肥、很肿，她的老公还是非常爱她，每个月从上海回来都带给她很多礼物。

听到她说这种话，我就心知大事不妙！身为朋友的我提醒她，该注意老公的一举一动，但她丝毫不以为意，只专注于当下的逍遥，相信她就是命中注定可以得到幸福的女人，挥霍她的福气却不知捍卫眼前即将溜走的姻缘。

果不其然，这看上去很美的婚姻，却脆弱得不堪一击，半年之后两个人离婚了！那鸵鸟头就像是硬被拉出土堆，再被狠狠打了一巴掌，既难受又难堪。然而，你知道她老公离婚的意志有多坚定吗？他什么都不要，只要和她离婚就好。如果婚姻走到“老公什么都不要，只要和你离婚就好”的地步，女人自己要负起绝大多数的责任。

千万不要成为有鸵鸟心态的女人，那是把婚姻放在峭壁边，摇摇晃晃丝毫不知警觉！

男人有钱就会拥有一切，而女人的魅力就是使男人为她付出一切。女人的外表虽然不是最重要的，但却是让男人决定付出多少的关键因素。

老婆=妻子+情妇

你怎能像“小三”一样，因为一点点的小礼物就乐得不知所措！

身为老婆就该想想：为什么老公每天在外面辛苦打拼赚钱，而你没有陪在他的身边同甘共苦，却要享受快乐呢？在此情形之下，老公还常常送你礼物，这合乎常理吗？你的身份是妻子，不是“小三”！

你知道妻子和“小三”最大的差别是什么吗？妻子和老公离婚时可以平均分配婚后财产，当老公往生后可以继承遗产，可是“小三”没有法律的保证，只能靠男人私下的赠予；“小三”这山挖不到黄金，可以跳到那山，而妻子根本不需要另觅矿源，签下的结婚证书就能保证婚姻、保障幸福。

重点是要顾好你的幸福！你怎能像“小三”一样，因为一点点的小

礼物就乐得不知所措了!

婚姻是自己持股的股份有限公司，如果有盈余，那是自家的获利；如果有亏损，也是自家负债。老公与你情投意合，你自己是最大赢家；老公如果对你“相敬如冰”，你就是最大输家。你要不要为婚姻这家股份有限公司加班？你要不要为婚姻这家公司多做一点事情？ 当然要！

如果你不想让老公有外遇的机会，就要身兼两职，拥有妻子加情妇的双重身份，才能让你的老公远离桃色诱惑，你才能心安理得地享受婚姻盈余。他的盈余本来是一半分你，一半给情妇的，你若想要她全部交给你，那么两种角色你都要扮演得恰如其分，才能支领双人的薪水。

“出得了厅堂，入得了厨房，上得了床。”这样的女人，几乎是所有男人梦寐以求的女人。所以不论是管好家计簿，还是穿上性感内衣；不论是管好小孩的教育，还是精进厨房手艺功夫，做妻子的都要略知一二，老公才能稳稳地对你心服口服、死心塌地。

当老婆的可能不以为然，但是男人在婚姻生活中就是需要情调来舒缓他平日打拼事业的压力，如果你不在乎这一点，那么你是要老公忽视他的需求，还是压抑他的需求？难道他娶你之后，就必须牺牲自己对情欲的需求吗？日子久了，正常的男人、会赚钱养家的男人也只能骑虎难下地想着：“没关系，你不和我培养情调，我就找别的女人培养。”

你懂吗？当忍无可忍的时候，他就义无反顾，最多是对你仁慈一点儿，不向你坦白，回来之后安抚你，多说两句好话，多让你买两件衣服。可是如果等到他对你坦白招认，就表示他摆明“有你、没你，都没关系”，走到这一步绝棋，是婚姻中最可悲的。

不想让婚姻演变到如此可悲的地步，就请收起自以为是的公主心态，把老婆的角色扮演得惟妙惟肖。当人家的老婆，就要有酿蜜般的苦功，如此才能拥有甜蜜的婚姻生活。

女人要狠，就是女人要学会自我要求，也要做到令自己的老公如沐春风；如果只会对男人要求，却不知进退之间的分寸，那你距离“狠角色”还非常遥远。

在男人的心目中，老婆是必需品，所以不用太美；情人是奢侈品，外貌很重要。女人如果不想让老公有外遇，请记得身兼两职。

第4章

女人要掌管家计

女人宣言

聪明的女人投资房产、股票、基金，
但有智慧的女人懂得投资自己。

管好钱，保住自己

女人不要以为管住男人的钱就可以防范男人外遇。

女人不爱钱，天诛地灭。当你挥霍到没钱的时候，连路上的野狗都想踩你一脚。

有一部叫《裸婚时代》的电视剧，其中有句对白说："对于女人来说，一生最重要的物品有两个，一个是Audi（名车），一个是Dior（名牌）。"这话听起来很拜金，但好像有那么一点儿道理。现在社会拜金主义横行，女人拜金，男人也拜金，看起来很奢靡不知节制，但更糟糕的是对于挥霍金钱的心态，爱钱本身其实无关对错。

相反，我觉得很多年轻女人根本不爱钱，她们每个月领两三万新台币的薪水，却买名牌包买到债台高筑，心甘情愿地支付银行高额利息，这不算是爱钱，根本就是和钱过不去！没有管好口袋里的钱，最后的结果是什么？就是要牺牲梦想去还债，减少享乐去抵债，放弃人生的自由被债务绑死。

如果婚后家计管得不好，结果就更惨，一家人都将面临无米之炊的窘境，孩子教育成了问题，退休金、养老金也毫无着落，这就是我们常常在新闻上看见陷入家计困顿的悲剧。

金钱对于一个家庭而言是最重要的生存条件，毕竟“巧妇难为无米之炊”，管钱的人一定要头脑清醒，懂得什么钱该花或不该花，因为婚后最容易引起冲突的就是金钱。我和我老公白手起家一路走来，经历过经济窘困与小康时期，我深知女人不但要管钱，还要管得好才行。

女人管钱的目的不是为了自己享乐，或是要掌握男人的金钱，免得他有沾花惹草的机会。男人要不要胡作非为，金钱只是一个辅助而已，不是主要动力。关键仍在于男人有没有深爱自己的老婆，有没有家庭的责任感。我就曾听说过，有个男人中年破产，依赖老婆赚钱养家长达十年，他平常身上也没有闲钱，但依然外遇不断，更夸张的是，“小三”还打电话直接对原配咆哮叫她放手，说她愿意供养这个男人。这看起来很令人傻眼，但却是真实的案例。所以，女人不要以为管住男人的钱，使用金钱高压就可以防范男人外遇，你一定要回归到基本点，把两个人的感情和婚姻经营好，这才是巩固婚姻的不二法门。

争取家中“财务大臣”的位置

只有争取到家中财务大臣的位置，才能保护好辛苦争取来的幸福。

女人管钱的目的，是在金钱运用上更周全地为这个家着想。女人和男人不同，没有很多花钱的包袱，而在处理人际关系上手法较细腻，不会动不动就用钱打发，同时女人对于小钱的敏感度也比男人高。我从小接触过的家庭，几乎都是由女人掌管家中经济，娘家是我妈妈在掌管经济；我认识的阿姨们家里，也都是女主人掌管财政。所以，我觉得家中经济大权由女人掌握，是理所当然的事情。

但是，由女主人掌管财政的模式，一开始并没有套用在我的婚姻生活中。当时我没有办法接受这样的局面，决定为此奋战到底。

刚结婚的时候，虽然我老公只领医院的薪水，收入不多，但他也没打算把钱交给我管。而我当时在某医院当牙医，也有自己的收入，因此没有特别坚持，每次谈到这个话题，总因为没有共识无疾而终。

后来我怀孕，留职停薪在家待产，有的是时间和精神来专注“掌管经济”这件大事。在接近年底的某一天，我与老公闲聊时说：“你的钱怎么不交出来给我管呢？”

一开始老公只是心里一惊，直到发现我很认真，才整个神经紧绷，严阵以待。于是我们开始争论，后来我很生气，还与他发生拉扯。他一直要我别生气，但我把一整包甘草瓜子撕开，撒得整个客厅都是。他走进房间，说要拿照相机拍照存证，留下老婆发疯的证据。但他毕竟是疼老婆的，也因为当时没什么钱，给老婆管钱压力没有很大，所以也就答应把钱都给我管，但是怎么花钱要让他知道。此后，我们家财务状况一直没有大问题，而大男人也不会一直专注小细节，他也就不太过问钱的事情了。

妻子只有争取到家中财务大臣的位置，才能确实保护好辛苦争取来的幸福。

男人有钱是为了要拥有美女，女人有钱是为了要拥有美丽。

第5章
女人爱钱要爱到老

女人宣言

谁说美丽性感是年轻女人的权利?
现代社会，年轻就是本钱，有钱就能年轻!

狠是为了保住年老之后的生活

女人只有认清人性当中的现实面，才能混得一个老有所终的结果。

金钱是很现实的问题，从古至今，有多少父母早早把遗产分给子女，结果落得无家可归，没有一个子女愿意奉养他们。人是善变的动物，特别容易被金钱左右，所以女人不要因为自己的孩子从小乖巧伶俐，一天到晚说长大后要孝顺你，你就心甘情愿地为孩子付出，幻想着有一天，老了退休可以当个享福的“皇太后”。

谁知道你的儿子长大之后，娶来的媳妇会不会孝顺你？你把钱给儿子是应该的，反正就算不提前给他，等你往生之后，也是由他继承。但自古就有明训：“久病床前无孝子。”站在金钱利益诱惑之前，孝子孝媳又能有几人？

所以，女人要认清人性当中的现实面，才能混得一个老有所终的结果。

我努力了一辈子，想要让自己过一个安稳的晚年，所以会管好自己的钱，不会任意让小孩子挥霍而不知珍惜。在金钱上，我的态度是："如果是家族里一代传着一代的资产，传给孩子是理所当然。但我们夫妻俩是白手起家，靠自己的双手努力赚来的资产，我认为没有必要百分之百留给孩子，她们如果不知孝顺、对我忤逆，那我就选择自己花光。"虽然这比较现实、不讲人情，但是我觉得这是保护自己的方法。

但是，我并没有说一定不要把钱给孩子。现在有很多企业家，为了训练孩子独立自主的能力，老了之后反而把遗产全部都捐出去，不留给自己的孩子。他们毕竟是自己的儿女，怎能狠心置他们于不顾呢？但前提是，孩子要有孝心！社会上太多老夫妻，一口气把遗产都给了儿女，结果换来被当成皮球踢的命运，几个孩子每个月轮流照顾老人家，时间一到就迫不及待地把老人家扫地出门。现在的年轻人越来越夸张，你看看新闻上那些好吃懒做的年轻人，甚至会拿着刀胁迫老父母给遗产，真的很恐怖！

我当然相信自己教育出来的孩子，但世事难料，每一个人都要先做好自保，不要到时候才晴天霹雳、哭天抢地："为什么结果不是我所预想的那样？"因为结果原本就不一定是你预想的那样，只是你不够狠，没有把不好的可能性也算进去。

女人都应该练习让自己清醒一点儿，别浪漫过头。我们都有老去的一天，如果一开始就不理性地将所有筹码押在孩子身上，那么等到完全没有谋生能力时，就要赌这个孩子，甚至他的另一半会不会回头来照顾我们。

我认为我的想法，不管是对于孩子，还是对于我们夫妻俩，都是比较万全的策略。万一到时候，孩子连照顾自己都成问题，还要回头照顾我们俩，那真是心有余而力不足！

退休后实行“夫妻分别财产制”

这其实也是一种狠，狠在清楚明白的态度，无论对谁都比较好。

现在我老公是领零用钱过日子，不过等他熬过这几十年后，我会把养老金分一半给他，让他也可以依据自己的喜好过日子。

至于我们夫妻两人退休后的生活规划，我对老公说：“等我们都老了之后，每人每个月领固定的预算出来使用。”他回答说：“此生终于还有机会实行‘夫妻分别财产制’，但竟然是到老才熬到这个结果。”到那时我就不管他如何使用每个月的预算，但如果他是“月光族”，要靠我吃饭，就要对我好一点儿；相对的，如果是我自己乱买东西而把钱花光了，要靠他吃饭，我就要对他好一点儿。这其实也是一种狠，狠在清楚明白的态度，无论对谁都比较好。

第6章

现实问题，先处理再结婚

女人宣言

就算全天下的人都不爱你了，
你一定要爱自己。

不是爱昏了头就结婚

 不是爱昏了头就跑去结婚，这顺序是错误的。

不是爱昏了头就跑去结婚，这顺序是错误的。很多女人从开始谈恋爱就错得一塌糊涂，当然不能得到幸福。随缘和感性会害人误判情势。

现在很流行联谊和相亲，用这两种方法去找对象，有效吗？我发现成功概率不是很高，主要是参与的人分成两派，一派要感觉，一派等天上掉下来礼物。要感觉的那一派在相亲过程中，执着地等如烟火爆炸般的瞬间心动，而且要一开始就心动到不顾一切礼数，才肯进入约会阶段；而等天上掉礼物的那一派，则是在等一个外在条件以及物质条件都臻于完美的对象。用这两种心态去找结婚对象，很难得到幸福，因为这两派要求的条件和幸福没有任何关系。

那什么和幸福有关呢？男人的个性和你的幸福有关，他的家庭背景和你的幸福有关，他的家人和你的幸福有关，他的家庭观念和你的幸福有关，你万万不能已经爱到如火如荼，才去观察两人是否合适。陷入爱情盲点的你，脑袋都已经不在地球上了，还能发现其中的不对劲吗？

不要以为我不赞成在恋到深处时结婚，谈恋爱的时候就是要罗曼蒂克，以琼瑶般的风格享受风花雪月，充满浪漫的憧憬。但这些情愫更应该留在婚后，夫妻共同去经营，这就是我与别人不一样的地方，为什么这么说呢？

结婚的决定就像是信守一辈子的承诺，代表信任基础。相信和对方在一起错不了才要结婚，是吧？这就像你去购物，你决定采买就是因为价格、品质甚至服务都让你满意，而买回去之后，通常就很难再退换货。

结婚也是这样，你婚前每天只享受浪漫和点点滴滴的公主级服务，晕头转向，在不清醒的状态下，完成人生婚姻大事，以为从此幸福美满。隔天发现柴米油盐酱醋茶的问题来了，才每天吵着要男人解决生活琐事，此时男人会理你吗？

每一对夫妻会经历的问题都是大同小异，婚前不解决，婚后一定会出现。但是如果你在婚前就这些事情进行沟通，虽然你们可能还是会因为观念的不同，彼此吵架、争执，可是因为大家都还只是男女朋友，我不一定属于你，你也不一定属于我，对彼此有一点儿紧张，所以那时候还有一点点让步的空间，双方保持一点儿平衡，所有问题在男女朋友阶段进行处理会比较有效果。

但如果你婚后才开始协调处理，付出的心力和得到的结果往往不成正比。

所以，我希望浪漫的时刻是在婚后才开始的，如果认定眼前这位就是将来要论及婚嫁的对象，在婚前你就要把所有现实的问题都有技巧地提出来讨论，而且最好是在你还没有放下感情的时候就先试探对方，争取共识。

很多姐妹淘比你还要白痴

 姐妹淘和你有相同个性、相同命运，连恋情的悲惨模式都如出一辙！

很多女人遇到事情，第一个想到的就是找姐妹淘谈心。

但是这些姐妹淘有时候比你更懵懂无知，最惨的是，能一天到晚在一起的姐妹淘，大多是和你有相同个性、相同命运，连死穴都一样的人。我们应该去请教有见识且经验丰富的前辈，事实证明，她们都是个中高手，所以才能过得如鱼得水。

姐妹淘或许不是真的想给你出馊主意，可是她所提供的帮助也十分有限，往往让你越来越迷茫。智慧不是凭空得来的，靠的就是多听、多想。我说的话很有道理，这与我从小的生活环境、受到的教育很有关系。我从小就常听大人说话，会动脑筋思考他们所说的事情。长大以后，陆陆续续地从自己亲身的经验或朋友的经历那里得到启发。所以，看到别人的问题时，我们就要多思考并从中积累经验和方法。

第7章
女人要力争上游才能抓住老公

女人宣言

男人与女人的不同：
女人喜欢上一个男人，就希望做他的妻子；
男人喜欢上一个女人，只希望把她当情人。

婚姻不是安乐窝

要保持进步，让另一半感觉不是孤军奋战。

女人不要把婚姻看成安乐窝，不要以为只有在职场上需要进步，在家庭和婚姻生活中女人同样也需要进步。这个世界上所有的人每天都在往前迈进，包括你的老公和孩子，每天都在进步，如果你原地踏步，陷入怠惰，很快就会跟不上他们的脚步。

你应该跟着老公和小孩一起进步，因为你爱他们，你要跟上他们的脚步，知道他们在想什么，遇到什么困难。你不一定需要像他们一样专业，十八般武艺样样精通，可是至少要能参与话题，要能了解他们受委屈时的辛酸。

当一个人见多识广后，对生活以及对人生的看法一定会有所改变。

我们举最简单的例子来说，月收入只有两万新台币的时候，可能认为能温饱已经是最幸福的事。可当月收入超过二十万新台币的时候，我们就会对生活有更高的品质要求，不论是飨宴美食、入住豪宅别墅，还是旅行，都将成为品位生活的重要体验，绝非以前的“温饱”即可。

同样的，当你的老公还是一个小职员的时候，他对生活的看法只是节俭养家，如果女人理财可以做到节流，老公就会很满足。可是，当你的老公晋升为公司的主管，甚至是老板的时候，你还是只会在原地打转，为一块钱、两块钱的菜钱锱铢必较，却不懂得逢年过节送礼交际的人际相处，那就会被老公远远抛在后面，失去两人共同的话题。

年轻的时候谈恋爱并没有经过这样的挑战，是因为交往的对象可能是同学，大家的生活和目标都不会差很多。但是一旦踏入社会，变成一个突然往前进、一个却越来越落后，如果没有妥善沟通改变，只能黯然分手。老实说，如果我没有积极参与我老公的事业，没有涉猎医学美容，那么我也会慢慢地被抛在后面，因为这个行业进步得太快了。

不是每个女人都有机会跟老公一起闯荡事业，那她们要怎么办呢？我觉得只要有心参与，就不会失去共同的目标。

举例来说，以前我在家带小孩的时候，还是要负责诊所人事和行政事务。虽然这些事情我也可以请他人代为处理，但我乐意负责，重要的是不会和老公的工作脱节。我要保持对诊所事务的理解，这是要动脑筋的琐事，但也是督促我进步的动力。

等到我的小女儿上小学一年级的时候，我的时间更为宽裕，我有空就去诊所看看，了解大家工作的状况。当然，我也可以选择每天逛街购物、喝下午茶的生活，但我很清楚我有必要持续参与老公的工作，这样夫妻才有共同的话题，彼此心中有委屈，才能感同身受、共同面对。

我的小女儿上小学六年级的时候，我更加忙碌。在参与老公的事业上，我循序渐进地进行计划，中心思想只有一个：我要和他一起经营家庭和事业，一起为未来努力打拼。

你的老公不一定有自己的公司，他可能是公司的职员，例如说科技产业里的一员，那种精密的科技专业艰涩难懂，那么你至少要扮演好聆听者的角色，大概知道他每天进公司的流程、他老板的个性、办公室里同事的相处情形、公司要把工厂移到岛外还是研发出新产品，等等，这些看起来不怎么起眼的事情，实际上，点点滴滴都在影响你老公的职场生活，所以你要保持参与的热情，让你的另一半感觉他不是孤军奋战。

不要只会盯着老公什么时候下班，只会在发饷时向他要薪水，只知道逛街抢大拍卖，好像把老公这个赚钱工具送到职场之后就天下太平了。你以为的天下太平，实际上都是暗潮汹涌，千万不可轻视！

改变心态，婆媳问题没那么严重

深入了解婆婆，所有可能抵触到她生活原则的事情，都不要强出头。

想成为一个成功的女人，“婆媳问题”是必经关卡。婆媳间的相处之道，永远是人世间最棘手的问题，你要运用智慧来处理，才能成为真正的狠角色。

婆媳相处中，很重要的一点是，不要以为你所得到的一切都是理所应当的。你现在所赢得的尊重与平等，不是过去已经付出了相当大的代价，就是未来还要花费更多的心思。不要以为婆婆天经地义就要对媳妇好，她只是因为儿子和你结婚，才和你有了关联，过去你们互不相识，也没有感情基础，再加上你们之间还有共同寄托的对象，那种暗潮汹涌的较劲，绝非三言两语能化解的。

如果你遇到有智慧的婆婆，就犹如中了大奖，她明白将来陪伴自己儿子到老的就是这个女人，她爱儿子，就要支持这个女人。

我想天下妈妈的心都是一样的，都想要自己的儿子好，差别只在于眼光短浅还是长远而已。眼光短浅的婆婆每天都在和媳妇计较该怎么爱她儿子，不惜搞到你们夫妻失和；而眼光长远的婆婆，会静静观察媳妇能不能很贤惠地为儿子着想，大方向抓对了，其他部分就会多留一些空间。

婆媳问题最后还是要回归到老公身上，最基本的还是夫妻之间的感情和生活共识。比如，你和你老公的生活共识是先打拼事业再生小孩，一旦遇到婆婆的压力，根本不需要你出面，老公就会打头阵化解，因为那也是他的决定和想法！

再举一个例子，逢年过节，要在婆家住几天，回娘家住几天，你也不用直接找婆婆沟通，和老公私底下先商量好，只要夫妻取得共识，让老公感觉这样的决定对他百益而无一害，如此一来，要取得婆婆的认同也就轻而易举了。

在日常生活中，你要善用察言观色的能力了解婆婆的为人处世，所有可能抵触到她生活原则的事情，你都不要强出头，遵守“沉默是金”的王道，最好懂得适度置身事外，冲突的火焰才不会延烧到你身上。举例来说，当你的婆婆在八卦别人家老公的事情时，你没有必要跳出来反驳她说：“老公为什么不可以帮老婆做家务？”万一她是一个多心的婆婆，就会想：“那你会不会一天到晚要我儿子帮你做家务？”

对于婆婆，只要想着她就是你老公的妈妈，退休了，有点小无聊，偶尔“关心”你们夫妻一下打发时间就可以了。实际上，你们之间并没有多么严重的冲突。虽然婆婆还是一样会啰唆，你却会突然觉得她这样其实挺可爱的，这是因为你的心态改变了，对她的态度和语言的反应也会改变，这就形成了一个良性的循环。

男人和女人最大的不同：女人婚后重视老公，男人婚后忽略老婆。所以，聪明的女人要懂得从长辈身上找到支持。

聪明的女人化危为机，赢得全面胜利

你要教育好老公，不要等他在外面有外遇了，你还被蒙在鼓里。就算他真的有了外遇，你也要教育他。

我有个女性朋友，生了一个女儿后，因为忙于事业等种种原因，就没有继续怀第二胎。某天竟然听到她的大姑和婆婆背着她说："家里每个女人都生两次，凭什么她生一次就不生了？"她听了这话很气愤，觉得怎么可以如此物化女性！

我建议她如果还想再怀孕的话，就再努力，然后也可以跟她的婆婆说："妈妈，我愿意为这个家再努力一次。"当然不是为了婆婆，但你的回应表示对婆婆的尊重，有助于营造婆媳间的和谐气氛。

就算婆婆平常说一些不顺耳的话，让你很不舒服，但是我相信她的心里偶尔还是会觉得："其实我这个媳妇也是挺不错的！"所以身为媳妇，你就先伸出付出的双手吧！

你懂得先付出，但请记得要对老公说明："我这么做，完全因为我爱你，因为你对我好，所以我愿意顾全大局。"要加强做这件事情的意义，你不要默不作声，以为老公能自发体会你的良苦用心。

男人真的不会想太多，因此你要告诉他："为了你，我才如此忍气吞声、委曲求全。我也希望妈妈能够开心，但是如果我受了什么委屈，希望你可以配合我，希望你以后要多保护我。希望你能认同我这样做，让我们有更多的共识。"你要教他，其实你就是他的老师，如果你没有教他，如何让他体谅你呢？

当你们取得共识，日积月累养成习惯，你的意见就会更加受到重视，甚至有独当一面的机会，这样不是更好吗？你还认为，在发生意气之争时，为了那口气发飙是聪明的做法吗？有时不如稍微低姿态一点儿，就像韩信，连受胯下之辱都可以面不改色，如此忍辱负重，才能取常人所不能。

一旦老公有保护老婆的举动，老婆就会感受到温暖，就会有善意的回馈。倘若老公没有任何保护老婆的行为，这能怪他吗？如果他不是心细的人，你怎么能期望他想到这些细节呢？所以你必须教会他。

如果老公对你不好，你可以不需要这么辛苦地付出；可是如果老公对你真的很好，你就必须把心中的这个结打开，我相信你的老公会愿意听，他一定愿意静下心来陪你面对婆媳间的难题。他想要帮你，可是因为你没有教他，所以有时候帮的方法不对，这样一来，你还能怪他什么呢？

有时连精明的女人面对婆媳相处这个问题时都手足无措，你能期待老公处理得好吗？你老公可能在物理方面是专业顶尖的高手，但面对家庭人际，他也可能一知半解。所以，如果你认为自己该教的都已经教了，但他就是学不会，不照教的做，你要生气还有道理。但是，你若不先站稳脚步，教不出所以然，又怎能期待他有好的表现呢？

幸福的婚姻并不是双方的外表、收入相配不相配，而是在个性上能否互相协调。

利用智慧和心机，成就你的不败婚姻

只要女人态度够好，男人其实配合度都很高。

智慧很抽象，在婚姻关系中，智慧就是作每一个决定都要想到前因后果，包括你说出来的话。不要只为了眼前的愤怒、眼前的利益就冲动行事，结果不但没有把事情处理好，反而把事情闹得很大，除了一时爽快之外什么意义都没有，那是没有智慧。

如果婆婆对你有意见，比如嫌你菜做得不够好，或者是小孩教育得不够好，令你很抓狂，你该怎么办？你是直接跟她顶嘴，还是摆脸色给她看？或者是闷不吭声地照着她的话去做，结果被她管得死死的？这个时候，你就需要运用智慧来处理。

首先，不要把它看成一件很严重的事情，好像婆婆是针对你，看你不顺眼而故意找碴，其实真的没有那么严重，她可能只是无心说说而已。所以你先深呼吸放轻松一点，询问她的意见，该怎么做比较好？然后你可以奉承她一下，说她想的你都没有想到，谢谢她教你。你要让老人家觉得你和她是同一战线的，她就会有安全感。

之后你的做法可以稍微改变，让她觉得你有听她的建议，可实际上你只是稍微调整一下调味料的咸淡而已，就算尚未达到她的要求，但大多数的婆婆还是可以接受的，她想要的或许只是晚辈对长辈的尊重而已。

万一她还紧追不舍，而你又不想改变自己的做法，那就请她的儿子（也就是你的老公）去跟她沟通。对老人家只有一个原则，甜言蜜语加上千依百顺，这就是智慧的阶梯。

女人结婚前靠撒娇来吸引男人，结婚后靠智慧来驾驭老公。

Part 3

是你选择生活，而不是生活选择你

第1章

抓住每一个阶段的人生目标

女人宣言

男人围着女人转，女人会变得自信美丽；
女人围着男人转，男人只会越来越厌烦。

忙也要忙得有目标

你的忙碌如果没有目标，就是在浪费生命、精神和体力，最重要的是，到最后白忙了一场，你仍然不快乐。

这个时代对女人的限制已经很少了，女人能享受到的自由和男人早已不相上下，想创业、想一个人去旅行、想大肆花钱……无一不可，问题是：你的人生重心到底是什么？你的阶段性目标究竟是什么？

我觉得很多年轻女人都搞不清楚这件事，把大好青春浪费在不对的男人身上，有金钱就挥霍在不正确的事情上。为什么？因为她们的人生是跟着别人走的，根本没有一套自己的生活准则。我常常听到女生说自己在练瑜伽，问她为什么要练瑜伽？她说大家都在练，好像很流行，听起来似乎是个不错的运动。她每周花很多时间去上课和练习，但是过得并不快乐，因为她觉得很寂寞，很想有个男朋友。

事实上，她那个阶段，最需要的是男朋友，所以最应该做的事情是想办法拓展自己的社交圈，去认识男生，谈恋爱，而不是跟着别人练瑜伽来打发时间。

另外，有些女人花钱也很没有目标，天天逛街血拼，穿出来的衣服还是只有那几件，不然就是把钱花在吃喝玩乐上，结果薪水全部都花光了，还是买不到快乐。其实她最想要的就是有自己的房子，有个安全感，她最应该做的就是把钱存下来买房子。还有些女人，想使自己看起来更美，拼命买漂亮衣服，但身材又不好，穿上漂亮衣服照镜子，还是不开心，其实她最应该做的是瘦身或丰胸，有了好身材以后，穿上新衣服才会快乐。

你的忙碌如果没有目标，就是在浪费生命、精神和体力，最重要的是，到最后白忙了一场，你仍然不快乐。

所以，女人要确切地知道，自己想要的究竟是什么。在这个阶段中，对你而言，最重要的是什么。爱情与面包、亲情和友谊……在人生旅途中，这些好东西会不断出现在你的身边，迫使你不断作出抉择，而你不能再三心二意，否则你将不会拥有它们。要知道，既然是好东西，就绝对不是你兴致一来、心血来潮，追求两三天就能得到的。好的东西都很顽强，若是你没有用尽全力，就一定得不到。

与目标相抵触的东西都要拒绝

想要扮演好一个角色，一定有办法，关键是你有多想扮演好那个角色。

什么都要，到最后就是什么都得不到。女人不要活得太盲目，眼睛看得到的、手上抓得到的都想要。你只有一双手，拿不了那么多东西，你要懂得分阶段、分批去获取。有些东西现在得不到没有关系，可以等将来再争取。

女人在人生的各个阶段都要有中心目标，任何一样东西与你的中心目标相互抵触、有冲突，你都要很明确地拒绝。

通常，女人的一生分为四个阶段：婚前、婚后到生小孩、生小孩到孩子长大前、孩子长大之后。在这些阶段中，女人的生活重心会不同。我们必须很清楚自己现在正处于人生的哪一个阶段，哪件事情我们要摆在第一位，必须优先处理，只有处理好首要的事情，其他事情才会跟着顺利。明白自己的阶段性目标之后，就要用尽全力排除那些干扰目标的杂事。

拿“生孩子”这件事情来说，我认识一位医生，他的太太原本是专业律师，但她生了小孩之后，就把自己的工作调整成“SOHO”的方式。她只接律师事务所里的案件，与老公互相配合，当老公工作时间是“OFF”，能接手照应孩子的时候，她才出去见客户。一直等到孩子长大了，她才重新回到职场，正式工作。女人在生完孩子之后，会面临职场和家庭两头烧的窘境，而这个时候要如何去处理，就很需要智慧。

我的建议是，把事情拉长、眼光放远，别纠结在一时的两难之中。如果你已经有了孩子，有了好老公，有了一个幸福的家庭，那么你就要考虑这个家庭需要你的这份收入吗？假如不需要，或许你可以考虑在家做全职母亲，陪伴小孩成长。至于到底要陪伴他成长到哪个阶段，可能到上幼儿园小班，可能到上小学一年级，可能到小学毕业，也可能到中学一年级，这就由你自己的家庭状况来决定。如果你的工作能像那位律师一样，工作时间可以和老公互相配合，那么也可以和老公讨论出一个合适的方式。

你真想要扮演好一个角色，一定有办法，就看你有多想扮演好那个角色。

第2章
好命歹命关键看心态

女人宣言

女人喜欢男人的财力与才气，
但更中意男人为自己心甘情愿地付出。

一样的事情，心态不同，结局也不同

女人的智慧如同牌技，有牌技的女人，拿到再烂的牌也不会让自己输太多。

女人有没有智慧，差别就在于：同样一副牌在手上，她能不能打出好牌。你会发现，有些女人年轻时并不特别美丽，但是男人缘却很好；家里并不是很有钱，但是生活水平可以持续提高。那些女人到老的时候，不管是未婚、已婚，还是离异，都可以过很精彩的生活，好像那些不好的事情都无法靠近她。

可另外一些女人就不一样了，明明长得很美丽，却选错了老公，不然就是在男人堆里不停打混，坏了自己的名声；明明家里经济条件也不差，可她永远嫌钱不够花。这种女人到老年时，在家里面对丈夫和孩子，也许还能忍气吞声，甘愿为家庭付出，但是在外面，面对外人，就会到处埋怨自己有多么苦命。

女人的智慧就像牌技一样，同样的一副牌，没有牌技的女人打出来的结果会很差；而有牌技的女人，拿到再烂的牌也不会让自己输太多。同样的道理，有智慧的女人即使没有与生俱来的好条件，也可以把自己的人生经营得很幸福；而没有智慧的女人，不管基本条件如何、家境好不好、长得美或丑，都会觉得人生过得很坎坷，任何事情都跟她作对，那正是因为自己没有办法控制生活，而是让生活控制了她的人生。

如果你说这一切都是命，那只说对了百分之一。为什么是百分之一呢？什么叫作命呢？像是孙芸芸① 那种千金大小姐，生来就美丽、有钱、有智慧，又嫁了好老公，这是万中选一、无可挑剔的好命，那就是命。而有些人，生来可能家庭环境不好，不美丽也不聪明，遇到的男人都很差，自己又没有勇气与智慧去突破困境，只能随着时间流逝，一天比一天更老，一天比一天更惨，那也是命。

我的意思是，极端的好与不好都是命。我们属于绝大多数的人：家庭环境中等、外貌中等、聪明程度也中等。以这种中等的条件，向“极端的好”靠拢，还是向“极端的不好”倾斜，就得看自己的智慧了。

以我自己为例，我并不是生于一个非常富有的家庭，如果我想要什么奢侈的东西，就要自己想办法。而我的办法有两种，如果我笨一点儿，

①孙芸芸，出生豪门，嫁入豪门，被称为“台湾第一富少奶”。

我就选择出卖自己的方法，快速得到金钱。但我很聪明，知道要靠自己努力得到金钱，才会细水长流，重点就是：脚踏实地地赚钱，才不会后患无穷。

站在“平庸”的起跑线上，你的终点站会在哪里呢？这要取决于你将往哪个方向跑，而且每一步都要很小心，都要充满智慧。

若是失控的话，后果会像“多米诺骨牌”：一个步骤没有掌握好，一旦错误，后续的影响就很大。举例来说，你常常睡前不刷牙，有一天，你要去参加一个重要会议，突然牙痛了，你必须请假去看医生，这个失控的结果就是平常睡前不刷牙导致的“多米诺骨牌效应”。还有可能拔掉一颗牙齿，再花一大笔钱植牙。总之，任何不好的结果，都是从一个小点推开来的。

人生的失控不会无缘无故地发生，就像佛家讲因缘，很多事情都是先种了因，才会有果。只是这个因，可能从很久之前就存在，远因加上导火线，事情才会爆发。但是因为你缺乏敏锐的观察力、缺乏客观的分析力、缺乏好朋友的提醒、缺乏智慧长者的劝诫，所以你不曾察觉。其实这一点一滴，在每分每秒之中都在变化，只是你不知道罢了。

男人爱你时，要设法让他多爱一点儿，不要挥霍他对你的爱，这样才能让爱情存折里多一些存款。

怎样看待事情，就有怎样的结果

你明明最拿手的是潜水，却非要去玩跳伞，结果摔个鼻青脸肿，这能怪谁？

有些女人最大的败笔就是不知足，搞不清楚状况，尤其在现在这个社会里，我觉得有点病态的是：有些女人想成为孙芸芸，吃的、喝的、用的、穿的，都想学她，就连说话打扮也要学她，但是，却从来没认清自己手上拥有的筹码是什么。你能像她一样拥有那么厉害的老爸吗？你能像她一样嫁进财力雄厚的夫家吗？你能像她一样在镁光灯下保持那么高的EQ吗？如果没有，你走那个路线，只会让人觉得很奇怪，就连魅力也大打折扣。那就好像你明明最拿手的是潜水，却非要去玩跳伞，结果却摔个鼻青脸肿，这能怪谁？

不想摔个鼻青脸肿，就要正确看待自己，正确对待自己身上发生的事情。

有这样一个女人，她是某名人妻子的好友，因此被安排进某大企业做事并担任主管。

但那个女人心里反而因此很不满，她想："凭什么好友能嫁给名人，而我却只能嫁给普通人？"这样看事情，就会产生不一样的结果。惨的是她不够了解自己，明明长得没有好友美丽、有气质，与好友相比，没有能力赢得名人的关爱，但她却不明白这个事实，成天只想着要去抢好友的位置，甚至无所不用其极，使出卑劣的手段，当然导致悲惨的结局。

如果换成我是她，我会想："我真是幸运啊！以本身的条件，哪有可能得到这个许多人梦寐以求的好职位！"一样的事情、一样的场景，因为不同的心态，会发展出不同的结果。我会告诉自己："要懂得知足，才会快乐。虽然我的老公长相普通，成就不如那个名人，可是他真的很疼我，我觉得和老公在一起很幸福。"这样正面、乐观的想法自然会衍生出和谐快乐的家庭场景，生成一出温馨剧。

负面能量带来的不幸

很多女人最大的败笔就是“见不得人家好”，看着别人幸福快乐，会气得牙根痒痒，费尽心思去搞破坏。

很多女人谈恋爱最大的败笔就是见不得人家好，“凭什么她有，我没有？”“为什么她有的都比我好？”接着就是一肚子的不甘心，别人幸福快乐又美丽健康，虽然一点儿都不关她的事情，但她也会气得牙根痒痒，费尽心思去搞破坏。这种幼稚的心态，实在和小孩子抢玩具没有什么两样。

凭什么人家的姻缘比你好？凭什么人家的命比你好？是命运也好，或是她有我们没看见的付出也好，总之那是别人，不是我们自己。我们有自己的福分，嫉妒别人只会让自己越来越笨、越来越盲目，最后不小心把自己原有的福分也送掉了。

我前面所举例的那个女人就是这样，她因为自己的特殊身份而取得了好职位，不但没有感到很幸运，相反，她很嫉妒，还嫉妒到想直接去抢名人夫人的位置，这就是一个很糟糕的出发点。她想破坏名人夫妻俩的感情，有意无意地要让他们的感情变得不好，故意在聚会里装作很无辜的样子，别人完全不会注意到她是一个兴风作浪的角色。

她也不是真的喜欢那个名人，或者真的想要当名人的夫人，她是自卑感在作祟，看到别的女人活得快乐，自己就不爽，就想搞破坏。这种症状是治不好的，她的人生就是以嫉妒为主轴，没有认清自己。

这种女人，不管最后抢到了什么东西，都不会快乐，也不会幸福，因为想要什么，连她自己也不知道，生命永远是空空的，怎样也填不满。所以我奉劝所有的女人，找到自己的目标，不要让负面能量支配你的人生。

第3章
损友的负面杀伤力大过坏男人

女人宣言

真爱并非难得，难的只是不易维持，
只要用对方法、用心经营，
真爱便能愈沉愈香。

女人婚后以家庭为主轴是应该的

这不是为了你的老公和孩子，而是为了你自己。

现在很多女人都很推崇死党、好朋友、姐妹淘，事事都以姐妹淘的意见为主，以姐妹淘的好恶为主，也不清楚姐妹淘是不是和她一样不理性，一样情绪化，想出来的怪主意和自己的一样不高明。

最笨的是，自己都有老公和孩子了，还不知道要顾好自己的家庭，每天只想着和姐妹淘玩在一起、快活人生。这种女人笨在哪里？笨在你的人生都靠家庭给你力量，你却不知道要好好经营这个家庭，为自己保本。

举例来说，就算你的老公再没钱，可他至少觉得，工作的收入分给你花是应该的，拿去还家里的房贷和车贷是应该的。但是你的麻吉[1] 姐

①麻吉，台湾话，源于英文单词“match”，意指要好、默契、合适。

妹淘就不会认为应该将赚的钱分给你花，或者在你三更半夜身体不舒服时，应该要彻夜不休地照顾你。要知道，家人和朋友还是有很大差异的。

女人婚后以家庭为生活主轴是应该的，而且这个“应该”不是为了你的老公和孩子，而是为了你自己。因为只要有婚姻关系和亲子关系，就能将家庭当作一个美好的避风港。亲爱的，你要付出。如果你不付出，你只是人家表面上的老婆和妈妈，可人家心里不把你当一回事。如果有一天他们面临选择，一定能轻易把你抛弃。所以，经营家庭是不是为了你自己呢？当然是啊！

损友没有为你着想

你享受到了家庭的幸福，当然也要付出一点儿不自由作代价。

损友很爱叫你玩“自由主义”，就像错误百出的两性理论一样，都教你不要理睬男人。除非你是女同性恋，不用再和男人交往了，关于男人的一切习性，你都可当成“病态”，可以不用再面对它、处理它，否则你就必须要有相当的理解和包容，这样你才能拥有幸福。

女人在婚姻里也是一样，不要婚后再去宣扬自由主义，要男人给你这个方便、那个自由，就好像你仍是单身贵族的一员。大家请公平一点儿，如果你享受到了家庭的幸福，当然也要付出一点儿不自由作代价。

你的老公在半夜里会帮你盖被子，会叫你吃药，会帮你承担一些生活上的难题，这份点滴累积的情感，你的朋友无法感受到，所以她们当然可以很潇洒地叫你追求自己的理想、不睬男人。如果相同的事情发生在她们的身上，而她们还可以这么做，那我告诉你，这种朋友也不值得交往，因为太无情了！

好朋友会尊重你对生活的选择，不会那么爱下指导棋。举例来说，如果你已经结婚了，好朋友约你出来玩、出来逛街，可能会先问一下是否会耽误你的家庭生活。可是损友却不会这样，她就是硬要把你约出去，然后拖着你玩到三更半夜，让你的老公来个夺命连环call，call你回家，搞到你快要家庭失和了，她还羞辱你："这位先生也太黏老婆了吧！"如果你自己意识到要提早离席，她也会酸你，说："果然当了人妻就不自由，就不是自己了。"

笨女人通常会被这种损友煽动，本来日子过得很平顺，却突然觉得不自由、没有追求自我，因此很没面子，就开始冒着家庭失和的危险去和老公讲道理、争权益。平时老公对她很好，她过去一直都处在心满意足的幸福状态。可这么一闹，老公就会想："老婆有什么毛病？"于是两人开始争吵，最后以离婚收场。

到时损友还得意洋洋地跑来对你说："看吧！我就说你们的婚姻有问题。"她从没想到她就是问题的始作俑者。你不幸福，对损友来说就是一场韩剧大戏而已，她只动动嘴，没什么损失，但你却失去了婚姻。所以聪明的女人不交损友，偶然遇见损友，也知道不把她的话当回事，会守住自己的生活理念。

幸福要懂得自己把握

没主见的女人最可怜之处在于，很容易受损友影响而亲手毁掉自己的幸福。

如果你有“负面朋友”，就应该远离，因为和她们在一起只会让你不快乐。

“负面朋友”是什么？就是你婚后和她出来逛街，逛了很久，老公不放心，打电话催你回家，她却说：“你老公也管太多了吧！我们多久才见一次面啊？结婚后去哪里都要向他报告吗？”你已经在为老公的不识相而不爽、不想回家了，她还要添油加醋，分明就是要搞砸你们的夫妻关系。所以当你结婚后，若是有这样的朋友出现，要把她定义为“结婚女人的损友”，这种朋友就不应该再继续交往了。

如果你跟她已经认识很久了，遇到这种情况，你可以告诉她，你的时间确实要这样安排，或者说你的孩子现在确实很需要你，要跟她说清楚。换个角度想，既然你可以跟她交往那么久，你们一定是好朋友。但如果你都这样跟她讲了，她还是每次都有意无意地要让你们夫妻的感情降温，你自己就要仔细思量：这种人是不是真心为你着想的好朋友？如果你都已经为人母了，连这种判断能力都没有，你该如何教导自己的孩子？我认识一个女人，就是这样子。她自己离婚了，看到朋友的婚姻幸福，就用我刚才说的那些方法来影响她的朋友，结果她的朋友居然也离婚了。

另外，还有些单身的朋友影响已婚的朋友，让她离婚，这样就可以一起玩得更疯了！我觉得这就是没主见的女人最可怜的地方，损友未曾拥有过婚姻的幸福，吃不到葡萄说葡萄酸，可是原本拥有幸福婚姻的女人，却因为自己没主见而毁了这条幸福的路。

美女与野兽是两个截然不同的角色，男人总是臣服于美女之下，所以女人一定要努力让自己变成男人眼中的美女。

你也要教育你的朋友

单身的朋友对于婚姻生活的概念只停留在想象层次，无法感同身受你的需要。

我们也不能一竿子打翻一船人，把所有不能体谅你婚姻生活的朋友都当成拒绝往来户，有时候她们只是不懂而已。也许她们还单身，对于婚姻生活的概念只停留在想象层次，无法感同身受你的需要，这时候你就要给她们机会，让她们进一步了解：你和过去真的不一样了。

大部分的女人在结婚前，都会有一两个好麻吉，在你寂寞的时候、在你失恋的时候、在你需要人陪伴的时候，她肯牺牲睡眠，陪你聊心事到大半夜，你和她的情感联系超过一般朋友。因此，当你结婚之后，她会疑惑，为什么你结婚以后不能和婚前一样，一起出来聊天、喝下午茶呢？

老实说，婚后本来就跟婚前是不一样的，就像高中生活和初中生活不同，大学生活跟高中生活也不同，结了婚之后和大学时期的生活又更不同。这是理所当然的，从来没有人说可以一模一样。所以，你这个朋友如果没有智慧，你可以开导她，分析给她听。并不是她这样一提，你就告诉她："若蜜姐姐说这样就是损友。"那你就错了，说不定她是一个好朋友，只是她也不懂，她也需要别人教。想想看，当你需要她的时候，她也陪伴着你啊！所以你必须给她机会。

你可以对她说："我现在结婚了，真的跟以前不一样了。我们还是可以见面，但要在我老公和孩子都出去的空隙时间聚一聚。当我老公和孩子都回来的时候，我就必须回家。"如果是一个真正为你着想的好朋友，她一定能理解。如果你讲了半天还是不行，那么结果就只有两种：第一种是她真的没有智慧理解到这个层次，你不能把自己的幸福毁在这种朋友手中！第二种就是她见不得你这么幸福，可能连她自己也没意识到，但是实际上她就是不想你那么幸福，因为你的幸福会让她相形之下变成可悲的女主角，这种朋友你就要远离她。

所以，幸福要懂得自己把握，幸福属于有智慧的女人。

第4章
选择适合自己个性的生活

女人宣言

当男人真正爱上女人时，
即使她有缺点，男人也会将其看成优点，
直到爱情消失。

要当一个有主见的女人

做自己并不可笑，盲从别人设下的条条框框，到头来只会折磨自己而已。

时下谈话类节目很多，多数观众都是女人，“听专家说”看起来好像是一个很知性的行为，但如果自己没有主见，还是和早期欧巴桑在街头巷尾道听途说一样没有价值。重点不是你听到了什么，而是你有没有去消化和吸收这些知识或资讯。

这是非常重要的。虽然专家的话原则上是没有错的，可是你自己要去落实这些重点，要有自己的步骤、计划，甚至你要有中心思想，筛选掉那些根本不属于你的事情。要知道自己想要什么并不难，只要是美好的、令人愉悦的、令人快乐的，这些正面的事情，大家多少都想要一点儿。但问题是：你的人生有多长？你的一天也不过二十四个小时，就算能够双手都抓满，也抓不了那么多好事，最后只会抓不住，统统都掉下去。所以，做人要知道什么是自己不想要的，在自己的能力范围内，把自己想要的东西掌握住。

有时候别人说的只是无心之语，你就不要把它看得很认真，心里要有自己的主见，主宰你自己的耳朵，去听这些意见。举例来说，我从事的是医学美容工作，这一个行业近年来蓬勃发展，同行的朋友接二连三地开了连锁店，台湾北中南都有，甚至还跨海到海峡对岸去开。看起来这是一件很棒的事情，我也有能力做，去多赚好几倍的钱、得到更多人的赞美。可是，对我来说，我会用自己的方式看待这件事情，坚持个人意见和主张。我的主见是什么？就是我不要把所有时间都放在事业上，我希望有多一点儿的时间顾好我的家庭和小孩，虽然赚钱是一件好事情，但我可以把它筛选掉。

这就是我的中心思想，我希望大家也能跟我一样，有自己的中心思想。换个角度说，如果我非常喜欢自己的事业，希望把它发展到能力所及的极限，并且觉得和孩子之间的相处时间也可以妥协，那么我当然就会将事业开展到北中南，甚至到对岸去。所以，你要很了解自己，做任何事情的目标都要很清楚。如果看到别人拥有你很羡慕的东西，而你却没有，你要想："不是因为自己的能力不够好，而是因为现阶段不适合去争取这样东西。"如此一来，你就不会生气，就不会跟老公吵架了。

我再举一个例子。前阵子报纸上常提到台北的房价太高了，高得很离谱，相对的，洛杉矶、纽约还有东京，房子的投资报酬率是非常吸引人的。现在还有一些中介，可以帮助大家去岛外买房子，而且提供一条龙服务：帮你出租房子，出租以后，房屋水电的修缮、房客之间的沟通联系，他都可以帮你从头到尾搞定，你只要安稳地当个包租婆就好。

一间房子在台湾地区可能要五千万新台币才买得到的，在那里的报酬率只有3%而已。日本离台湾地区比较近，房客对象都是东方人，那间在台湾地区要价五千万元的房子，在日本只要二千五百万元就买得到，而且投报率高达10%。某个房屋中介公司，在日本设有分支机构，会帮你出租房子，然后帮忙处理房客所有的事务，房租收齐就会寄给你。听了这些以后，你有没有动心？要不要投资？

我一开始有点儿心动，一直在评估这件事，但后来仍然决定不要做。我告诉老公，我们不适合做这样的事情，这与我们的个性不符。以前我们去高雄买房子，都已经觉得很遥远，同一个政府、同一个政策、同一个管理，我们都觉得很麻烦，试想去日本和美国，不同的政府、不同的管辖、不同的制度、不同的条文，中介到那边去，只有他说了算，实在没什么保障。再者，我们两个都很不爱出国，万一有什么问题，我必须搁下工作、家庭，找时间搭飞机过去处理，就算赚了这个钱，我也赚得很不开心。还有，就算房屋中介真的提供全套服务，他在帮我出租的过程中，对我说："那个房间的水管坏了，要换一根水管。"有的人会毫无疑问地说“OK”，马上就更换，但多疑的我却会怀疑：“他会不会是想骗我的钱呢？”所以，最后我没有投资。

再举我对投资的看法为例。在外币汇率好的时候，很多人会去买外币、去投资，但我觉得外币好像不是钱，不会想去买。典型的生意人可能有一堆钱，可是他新台币并不多，他的钱可能包括美元、加币、欧元等。对我而言，如果全部资产加起来，总数很多，但其中新台币只有一点点，我会觉得好穷！相反的，如果你全部的资产加起来多我十倍，可是我的新台币多你一百倍，我就会觉得我比你有钱很多，我会很开心。也许你会觉得我好怪，但这就是我！

所以，你去做任何事情，都要看看是不是适合自己的个性，世界上的财富那么多，每一种人都有赚钱的地盘，不是一有机会就去插一脚，要仔细考虑这取财之道是不是适合自己。如果你在获利这一点上还能保持主见，那你就能真正赚到钱，不会因为赚得不开心，又把钱花在其他地方，结果白忙一场。

做自己并不可笑，盲从别人设下的框框，到头来只会折磨自己而已。

做任何事情前都要先看适不适合你的个性

不是情绪和客观条件在主导你的人生，而是你自己在选择面对人生的态度。

我觉得很多女人就好像高塔上的公主，等待好运自动降临，什么都想要但是没有事先计划，也没有策划实施方法，结果就像无头苍蝇。谈恋爱乱谈一通，连“自己到底爱不爱他？他有没有爱自己？”都不知道；找工作乱找一通，只要有人录取就掏心掏肺地去工作，“薪水怎么算？到底拿不拿得到？工作内容适不适合自己？”根本不考虑；钱也乱花一通，看到喜欢的就买，看到便宜的也买，看到难得一次跳楼大甩卖的更不放过，不知道把钱花在什么地方对自己最好。想想看，如果你对自己的一切都没有规划，只会让自己的人生过得越来越糟，那要怪谁？这只能怪你自己啊！

你要有细致的想法，有踏实的做法，要清楚自己什么能做、什么不能做。举例来说，在金钱方面，我十二岁时就告诉自己，我希望能过物质生活比较丰裕的人生。那时候我家并不穷，但我想多买一些漂亮衣服、可爱的睡衣，妈妈却不准我买。所以，我就下定决心，以后要有能力，想要什么就可以买什么。但我又不想嫁入很有钱的人家，因为我知道自己是一个个性很强的女人。我也没有祖产可以拿，如果想要拥有足够的物质享受，就要靠自己努力，这是我十二岁时就有的想法。

我在大学时代读的是牙医系，毕业时我二十五岁，五月三十一日结束实习医生的生活，六月五日就结婚，十月就怀孕，不能马上去工作。我选择这么做是因为当时老公已经三十三岁了，对他来说，结婚和生小孩是比较迫切的目标。我还年轻，就把自己的目标期限往后挪一点儿，更何况我也希望趁年轻体力好时生小孩，把家庭状况稳定以后，再去赚钱，情绪会比较稳定。直到这几年，两个女儿逐渐长大，我才开始真正为自己工作。这一切都在我的计划之中，所以我气定神闲。

想要掌握自己的人生，为自己做主，最重要的就是要比别人多付出一点儿、多努力一点儿，不要遇到困难只会抱怨，一心希望会有阿拉丁神灯来救你，这样你的人生就掌握在阿拉丁灯神的手上了。

有时候我真的非常忙碌，举例来说，前阵子诊所需要装潢，必须和设计师讨论，还要监督工人，可是在我做这些事情的同时，其他的工作并没有因此而停滞。最基本的，我还是为人妻、为人母，是病人的咨询顾问、是狗狗的妈妈，然后还是人家的女儿、孙女，所有该做的事情还是照常进行，包括我现在要跟读者讲的所有话，每一件事情都继续运作着。我不能告诉我的老公、小孩、读者和病人说："我最近要装潢诊所，很忙，所以你们有问题的话，都暂时不要来找我。"我能这样吗？当然不行啊！我能做的是什么？就是更充分地利用时间，更讲究每一件事情的效率，比如，我利用下班之后的时间去和设计师、工人沟通，有时候真是忙得连上厕所的时间都没有。

而且设计师和装潢工人，不是你一声令下，就会依你所愿，什么都打理得很好，他们也会面临实际执行的困难。他们不是有钱赚就什么都愿意做，当他们对一些要求感到无能为力的时候，也可能想放弃，那么你是要跟着他们放弃，还是要对他们发脾气、耍性子？我选择担起鼓舞他们士气的责任，我会对设计师说："我这个案子有这么多问题，如果你能够一个一个解决，把它顺利完成，那么以后再遇到这些无法轻易克服的问题，都将变成小问题了。"我还告诉他，这就叫作"人生历练"，会把他锻炼得更强，成为万能的设计师。虽然我自己都已经忙到焦头烂额，但绝不会乱发脾气、选择妥协或放弃，因为我认为那是"推卸责任"，我会进一步开导他们，让双方都能达到想要的目标。

这就是"为自己做主"。记住，不应该是情绪和客观条件在主导你的人生，而是你自己在选择面对人生的态度。

你说你时间不够、压力很大、精神和体力都不足，可是选择用另一种态度面对，将可以转换这一切。有一次，我收到星云大师写给我的卡片，大师说："忙，可以促进心灵的健康，可以培养自己的因缘，可以发挥生命的力量，可以提升人生的价值。"我把这张小卡片，放在我的梳妆台上。面对忙碌的生活，这句话就像我的精神食粮，能够转化我的想法，让我换个心情，面对生活的琐事。

不只是我，每一个女人都不要看轻自己的力量，动辄就说放弃，任由别人摆布。其实，你闹脾气就是一个任人摆布的做法，因为情绪就是能量，情绪好的时候，任何人塞给你光怪陆离的意见，你都会觉得对。女人应该坚强起来，用"为自己做主"的精神去面对人生，去改变世界。如果每一个妈妈、每一位太太都能这样，虽然觉得很累，可是也能咬着牙撑下去，也能不顾一切地燃烧自己，同时记住善待自己，毫不吝啬地对自己好，那么大家就能找到生活的平衡点和快乐。

第5章
从忙碌之中获得智慧

女人宣言

大部分的男人都会在美女面前打肿脸充胖子、
做英雄好汉，
所以女人要拥有美貌与身材。

“宅”在家里长不出智慧

你要真实涉足你的人生，才能从生活中增长智慧。

很多年轻女性都在问，要怎么样才能增长智慧？看书吗？看杂志吗？看网络上的文章吗？其实这只是增长智慧的一个步骤而已，实际上，你要真实涉足你的人生，才能从生活中增长智慧。

举例来说，全世界的男人都不一样，所以你不可以用同一个方法对待。你想增长智慧，就要主动去认识男人，和他交往，然后遇到问题，想办法解决问题，一次又一次从自己的亲身体验中去理解相处之道，这样智慧才能从你的头脑和心中长出来。

无论是出门工作还是交际应酬，都是很麻烦的事情，如果你喜欢躲在电脑后面，邋邋遢遢地完成很多事情，包括血拼以及和朋友打招呼，那这样的生活方式只能算是“半吊子”而已。你和朋友打招呼，一声“嗨！”说明不了你有多想念她，她也不会有太多的感动；在网络上的购物行为，也难以建立起买卖之间的互信关系。如此“半吊子”的人生，人生智慧也将会是一知半解。

所以，不要怕忙碌，不要怕麻烦，也不要怕被拒绝或遭受挫折，因为那些都会激发你的人生智慧。只有某些问题真正打击到你，你才会跳起来去找答案，然后反复尝试，直到最后，你舒服了，你的环境也舒服了，同时，你更上一层楼，增长了人生的关键智慧。

“忙”可以促进心灵的健康，发挥生命的力量

你的生活应该像活水一样，不断有新的想法和人际关系加入。而你也要付出自己既有的能力，生活才会有一个圆满的循环。

如果问起一些年轻女孩的愿望，她们几乎都会说想嫁给有钱人，然后不工作，也不用做家务，每天睡到自然醒，再和姐妹淘去喝下午茶、做SPA。这样的人生，会不会太无聊？

为什么很多有钱人家的孩子，每天不是泡夜店、嗑药、泡妞，就是无所事事地逛街，还一副快要得忧郁症的样子？那是因为他们真的很无聊，什么好吃的都吃了，什么好玩的都玩了，心里却还是空空的，活得也很茫然。如果你什么事情都不用做，那代表没有人需要你，而你也不需要别人，结果就是你会活得非常孤独。因为没有和外界的交流，你的

人生也不会和这世界有交集并产生任何火花，生命的旅程上也没有更多的可能性。所以女人不要怕忙，忙碌是一件好事情，那代表有人需要你，也代表你能从这些忙碌的挑战中，激发出自己更多的潜能，这样的生活才最可爱。

星云大师说：“忙，可以促进心灵的健康。”有没有听说过有些人很无聊，甚至无聊到生病？这是因为他想太多很无聊的事情，担忧很多无能为力的事情，生气甚至愤怒自己无法解决的事情，却没有动手改变它，想着、想着，最后烦到自己都生病了。

你的生活应该像活水一样，不断有新的想法和人际关系加入。而你也应该付出自己既有的能力，生活才会有一个圆满的循环，维持在一个平衡流动的状态，并时时感到心满意足，时时都有快乐和生活灵感。

我是一个很忙碌的人，因为工作的关系，认识一些前来就诊的人，他们需要我的帮助，他们同时也是我的朋友。其中有人是投资理财大师，需要投资理财的时候，我可以向他请教；有人是律师，如果有一天我有法律问题，可以向他咨询。这就是星云大师所说的：“忙，也可以培养自己的因缘。”如果我没有忙于工作，就无法认识这些人。

除此之外，因为工作的关系，我间接认识了出版社的总编辑。在聊天过程中，她觉得我的想法很好，值得与读者们分享，这成就了我出书的因缘。从这个因缘再延伸下去，未来我也许有机会参与一些演讲、公开课程，和大家分享心得，将来一定会更忙碌，一定能成就更多因缘。

这些后续延伸出去的因缘，都是我过去没想到的，但是因缘际会之后，我觉得："我可以！我能做！"努力激发自己的潜能，发挥自己的潜力，说不定几年后，未来的我将会比现在的我更有能力，也更有智慧。这些不是凭空得来，都是从现在每日不懈怠的忙碌之中推展出去的。

有时候忙碌太久，也需要休息。休息并不代表放弃或逃避，让自己休息一会儿，心灵沉淀一下，才能走更远、更长的路，用更清澈的眼光看世界。

忙碌，可以提升人生的价值，人生的价值不是只有拿着名包、穿戴名牌。如果今天我可以把这个观念传播给更多女孩子，让她们可能借此得到一天的快乐，或者是想通一件事情，这也是我人生的价值，也不枉费我忙这么一场了。

第6章
看自己的眼光最重要

女人宣言

女人感性一些，
男人就容易原谅你的情绪化。

越早认清自己，你的人生就会越早顺利

好的东西没有人不想要，问题是你要得起吗？

我觉得大多数女人之所以会不幸福，是因为她们从来不清楚自己是什么样的人，做什么事情才会开心、顺手。她们看着流行时尚杂志决定自己的服装品位，看着职场生涯杂志决定自己的工作，接着又靠理财书盲从理财，就连怎么吃、怎么穿、怎么消费、怎么选男人，自己都没有主见，人家说好就好。

好的东西没有人不想要，问题是你要得起吗？就像我前面说的，去岛外置产当包租婆，投报率很高，但我知道我要不起，所以我不要。

大家都很想嫁给有钱人，我也想过物质丰富的日子，但我知道，我的个性不适合嫁给有钱人，因为我是个自主性很高的女人，没办法向有

钱人低声下气，虽然不工作也有很多钱花，但是我不会快乐。勉强自己做一些不快乐的事情，到头来只会失去更多。所以想要寻找真正的快乐、幸福或是爱情，你就需要做一些特别的事情或给自己一些不同的想法，来填补心灵的空缺。

靠自己努力赚钱当然很慢，但对我而言，这种方式却是最扎实的。在累积财富的过程中，我很快乐，不会随便挥霍我的努力，而且还能维持自主性，让理想在心中持续发光发亮，这样才不会失去重要的东西。

所以，女人不要总是向外看，妄想碰碰运气就可以拿到好东西，要先认清楚自己的个性、自己想要的幸福方式、适合自己获得幸福的方法。如果你早些认清楚这一切，就会少走很多冤枉路，人生就能散发出幸福的光彩。

要选择能够永续经营的工作

工作只是为了赚钱，但事业一定要有兴趣。女人的事业必须要跟她的梦想和兴趣结合，这样才能永续经营。

专家告诉我们：找工作要找自己有兴趣的。年轻人不懂，就会问：“从事有兴趣的工作，能赚得到钱吗？”我可以确定地告诉你，薪水可能不会很高，但是自己有兴趣的工作，你赚钱会赚得比较持久。

我很清楚自己是一个很爱与人交流沟通的人，我很喜欢现在的咨询工作。如果你问我：“‘喜欢的工作’和‘不喜欢的工作’，这其中到底有什么差别？”我会这样说：“如果做牙医，我可能做三年就转业了，因为我没办法和病人说话、聊天、唠家常。可是若做医学美容的咨询顾问，我会做到病人不需要我为止，因为我喜欢与别人讲话。”所以一个事业是不是能够让这个女人做得长久，和这个事业是不是适合她的个性和兴趣有绝对的关系。

简单地说，如果我做的是牙医工作，我会很快就退休了，假设不需要那笔薪资，我可能会投入公益事业，例如流浪动物保护的资助工作。但是如果从事医学美容工作，我就会一直做下去，因为我喜欢看别人变美、变快乐，这也给了我良好的回应。

工作只是为了赚钱，但事业一定要有自己的兴趣。如果已经赚到一定程度，不需要为了赚钱而赚钱的时候，女人的事业就必须要跟她的梦想、兴趣相结合，这样才能永续经营。

我的大方向就是让自己很幸福、很快乐。我希望用自己的能力经营下半辈子，照顾自己到九十岁。我常常讲一句话："希望我一只脚踏进棺材的时候，回想这九十年，是没有什么遗憾的。"我现在才四十多岁，很美好的人生是在后半段，所以我仍会兢兢业业地经营每一天，然后确定下一步该怎么做。目前我正在观察及思考："如何做一个美丽、自信又能受年轻一代欢迎的女人？"或许等我找到答案以后，可以再和各位读者分享！

事业上要强，婚姻里要柔

记住，在他的身边，你最需要扮演好的角色，就是他的女人。

为什么很多职场上成功的女人，婚姻会经营得不好？因为她没有把在职场中的用心拿回到家庭，她觉得：“我在外面已经这么辛苦了，回到家就是要完全放松。在家中，我要表现出百分之百的自我，甚至心情不好的时候，也可以在家里全部爆发出来。”

我还观察到一个现象，在爱情中，学历高的女人反而会输给学历低的女人。想想看，为什么呢？学历高的女人有谋生的能力，而且自我感觉良好，不需要依靠男人来养活她，跟男人的结合只是因为我爱你、你爱我，时间到了、感觉对了，就去结婚。

为什么我会有这种感触呢？因为我发现，通常学历一般的女人，在谈话中提到自己的另一半时，会说“我老公”，或是叫另一半的昵称Honey、小伦之类的。

而学历高的女人却不是这样，两者之间是有差异的。几乎我所有的医生学姐，叫她们老公时，都是连名带姓地叫：“某某某，你过来！”或者是“某医生，你过来！”如果在家里也是这样叫，男人怎么会有当老公的感觉?

如果你的老公是一个花心种，那就不用讲了，很快他就是别人的了。如果你老公是一个蛮喜欢听甜言蜜语的男人，偶然有一个会对他说甜言蜜语的女人出现，他就会觉得“不一样，很有新鲜感！”整个人立刻就晕了，什么脾气和个性都没有了。

我问学姐：“为什么不叫另一半‘老公’呢？”她说：“我叫不出来！”我说：“没有办法，你要学习啊！”有能力的女人可能会想：“凭什么要我去学？我为什么要这样？”尤其是医生。但连名带姓叫出老公的名字，就完全没有罗曼蒂克的感觉。

所以我觉得，现代有成就、学历高、有能力的女人，也要知道，在外面虽然可以呼风唤雨，但是回到家庭中，就要变成温柔贤淑的小女人。

但是，如果你老公对你不好，你就不用牺牲那么多了，那实在不需要！我主张“男女平等”，也就是说你对我五十分，我也对你五十分，这是公平。如果你今天有外遇，我也要出去外遇，这叫“恐怖平衡”。老公对不起你，你还一天到晚窝在家里等他，没有这个道理，我可不要这样子。

但这个方法能否奏效，就得看你在老公心中的分量够不够了。如果老公有外遇，跟他谈离婚之前，你要先称称自己的斤两，当你从嘴巴中说出“离婚”两个字，他说不定会回应：“好，我等这句话已经很久了，我今天做这件事情，就是要引你说出这句话。”到时你就真的欲哭无泪了。但如果你在老公心目中的地位非常重要，他会向你道歉，甚至会下跪哭着求你原谅，保证下次不会再做对不起你的事。

女人千万不要以为结了婚就是找到长期饭票了。其实恋爱并不是两人长久相处的开始，结婚才是。要好好经营婚姻，你才会拥有后半辈子的幸福。

Part 4
做你自己

第1章
智慧女人的必备能力

女人宣言

娇媚的女人会让男人产生遐想，
撒娇的女人容易引起男人的同情，
但智慧的女人会让男人既爱又怜。

比烂，只会更烂

 笨女人都在做什么？都在比烂，比向下沉沦。

笨女人最大的败笔就是容易受别人影响，可正面的思想却影响不到她。这是为什么？因为她们没有提升，没有借由充实自我去增长智慧。智慧就像是好土壤，会接受好的种子种到你的心里，至于那些不好的种子，自然会被淘汰。

笨女人都在做什么？都在比烂，比向下沉沦。举例来说，有人抢笨女人的老公，笨女人就想去抢别人的老公让自己平衡一点儿，结果对自己一点儿好处也没有；笨女人说男人花心，自己就更花心来折磨他，可除了作贱自己之外，男人依旧不痛不痒，她忘了男人根本就不在意她，才会这么花心！同样的道理，笨女人说男人甩掉她，她就做些傻事给男人看，例如自残，可男人忙着左拥右抱都来不及了，根本没时间回头看她一眼，甚至男人看她这么狼狈，更觉得要离她远远的。

女人要读书，要追求心灵成长。我本身有佛教信仰，我读星云法师、圣严法师和证严法师的书，靠这些大师的指点，我的思想能够升华。除此之外，我还会看一些历史故事，从中学习先人的智慧，从秦朝看到清朝，看到八年抗战。之前看李敖大师写的大全集，很少有人会看完，但我已经全部读完。

在阅读过程中，我会产生很多新想法。圣严法师曾经对人开释说："面对它、接受它、处理它、放下它，遇到难题时，不要逃避，要勇敢面对，面对后，接受它已成为事实，处理后，尽快放下它。"而我认为，通过敏锐的观察力和客观的分析力处理这些难题以后，人生的历练就能提升一个层次。

用智慧活出自在的人生

在没有找到更好的男人之前，不要放弃现在的对象。

我常常告诉女儿，要接受正向而积极的影响，对不好的影响，要当机立断置之不理。

通常，对女人影响最大的就是朋友，而你能不能拒绝坏朋友的影响，要看平时修行来的定力。如果你认为和朋友相处起来并不愉快，那你要想想看，为什么会这么不愉快？

很多人因为自信不够、自我肯定不够，所以她必须靠一群朋友来接纳她、认可她。这是相当危险的举动，假若这些朋友心怀鬼胎，而你又不知分辨是非对错，岂不是误入歧途？

举例来说，明明你的男友非常好，可是你的朋友居心不良，对你男友暗送秋波，想要跟你一较高下，偏偏你自己没有敏锐的观察力、没有客观的分析力，听她诋毁你男友几句，就觉得好像很有道里，因此和男友起冲突，而这个朋友正好趁机抢走你的男友。比如，我的老公天庭比较高，如果我身边有这样的坏朋友，就会对我说："若蜜，你长这么漂亮又什么都好，干吗和这个男人在一起？他可能十年后就秃头了，你应该交一个又高又帅的！"如果我被她影响，岂不是错过这么好的男人？

我当初没有受到类似话的影响，因为我妈妈告诉我一个很客观的原则："如果没碰到比眼前这个男人更好的对象，就不能放弃他。"妈妈没有叫我不和别的男生认识，我还没结婚，只要不和人家发生亲密关系就好。我如果觉得别的男生比眼前的他更好，也可以试着交往看看，毕竟我们没有海誓山盟，但是不要放开他！如果一直都没有出现比他更好的对象，那他就是你的了。这个方法很实用，如果你现在正处在茫然的十字路口，可以这么做。

我也告诉两个女儿，希望她们在交男朋友的时候，在妈妈没有很认同以前（当然我不是金钱至上，或一定要帅哥才同意），不要把百分之百的感情放进去，把自己的感情防线做好才是对的。

第2章
别人的批评和你的价值无关

女人宣言

女人的嫉妒
堪称世上最烈的毒药。

认识你自己，比什么都重要

除非是一个没有作为，完全没有影响力的女人，才有可能讨好大多数的人。

有些女人很容易被别人的批评左右情绪，如果人家说她胖了，她就吃不下饭；如果人家说她讨厌，她就要难过好几天。不知道为什么，女人就是希望地球上的人都喜欢她、认同她，否则她就不知道自己姓什么、叫什么，变得很没有安全感。

我想，只有一个没有作为、完全没有影响力的女人，才有可能讨好大多数的人。为什么？因为她没有影响力！她做任何事对别人都无关痛痒，关心她的存在做什么？敷衍她一下就好了，这么容易受影响的人，不必花任何心思讨厌她。

但你想成为这样的女人吗？你必定不想，不然你就不会读这本书。

认识自己很重要，如果你知道自己是一个对别人很友善的人，那么就不需要因为某人说你虚伪而难过，他可能对你的认识程度不深，或者他根本就想放话陷害你。总之，路遥知马力，你是什么样的人自己最清楚，你是钻石而不是普通石头，时间会证实这一点。

要懂得感恩

快乐是一天，难过也是一天，但是这个快乐要有反省、要有改进、要有感恩。

女人要学会快乐，不要一天到晚只会想那些负面的念头，把自己和别人都搞得心烦意乱。有的女人耳根子软，只喜欢听好话，却又特别重视别人的批评，患得患失。我觉得抱着这种心态去看待生活，会很糟糕，而且会产生负面循环。

负面循环的意思是，别人并没有要伤害你的意思，你却一直陷在疑心和猜忌之中，这样，和你相处的人会觉得动辄得咎，误以为你是很难相处的，以后还是减少往来比较好。但这个人也许就是对你很有帮助的人。

当你觉得任何事情都很委屈的时候，很容易招来一堆爱嚼舌根的坏朋友，她们只会帮你出馊主意，把你搞得更悲情、更凄惨。然后，在某个你没出席的聚会上，以你为话题，寻开心、找刺激。

真正的好朋友不会陪着你去骂任何人，而是会给你比较正面的建议。她可能不会对你说"那个人真的很过分"，而是告诉你那个人真正想表达的意思，以及你下一次要如何应付他。

女人要能看清楚、听清楚身边的人和事物，到底哪些是正面的、哪些是负面的。负面的部分就尽量离得远一点儿，不要"明知山有虎，偏向虎山行"。

当人家批评你的时候，先不要生气，从日常生活中去改变，让自己更有雅量。曾经有人背后议论，说我是被包养的第三者，我就先反省自己，我明明不是，为什么别人会这样说我？

可能是我在孩子读小学的时候，穿短裙、高跟鞋到学校，很多妈妈看我身材不错，指责我做了母亲还穿得这么火辣。对这一点，我先反省，我穿短裙、高跟鞋，有勾引别的男人吗？有让别人的婚姻不幸福吗？如果有，我必须改正；如果没有，就随她们说去吧！为什么？因为我觉得我还有存在的价值，她们有话题能批评我，我会开心。你如果没有半点儿新闻价值，人家为什么要说你？我的存在能带给他人快乐，这时我会觉得自己很幸福，就算受人议论也没什么关系。而且我明明是大老婆，却被人认为是"小三"，我应该要高兴而不是难过，因为"小三"代表的是年轻、漂亮、身材好，这对我的外表其实是一种肯定（不过"小三"

的内在道德是有瑕疵的）。

但并不是对所有的批评，我都能一笑置之。如果我觉得那是需要改进的部分，我会立即改进。被别人批评当然会有点难过，但要尽快鼓励自己恢复到原来快乐的状态，这就是我的人生充满阳光和乐观的原因。我觉得快乐是一天，难过也是一天，但是这个快乐要有反省、要有改进、要有感恩，不是说一说、难过一下就忘了。懂得这样做，你才会进步，才会永远受人喜爱和尊敬。

第3章
人生没有一百分

女人宣言

女人用容貌来比较年龄的大小，
男人用事业来衡量能力的高低。

尊重自己的抉择最好

人生，并不是你机关算尽、好处占尽就一定会有好的结果。

以一个母亲的角度来看，我觉得女儿能嫁到好老公，就是一种幸福。为什么会有这种感慨？这是我从生活中感悟而来的。

我有一个同学，在高雄女中念书的时候，成绩一直是全校第一名，毕业考试也是全校第一名，考入阳明医学院医学系后，在学习上的表现一直很优秀。可是在生活上，她却如同一个白痴，缺乏人生智慧。后来，她嫁给一个同班同学，那个男生大概也不是那么爱她，在外面有纠缠不清的桃花，可她就是死心塌地要嫁给他。毕业之后那个男生去当兵，她进入高雄某大医院从事眼科工作，等那个男生退伍之后，还帮他打点关系进入同一家医院。

后来，三十多岁时，她因癌症过世。而她的老公，却连她的公祭和家祭都没有出现，非常夸张。听说就是因为有了外遇，心早就不在她身上，所以才这么绝情。

在学生时代把书念得很好是正确的，但是也不要忽略学习生活智慧，尤其是择偶眼光，这关系到你往后的幸福。

所以我常常说，女儿或儿子要看看自己的母亲是怎样的人，再决定要不要听母亲的话。如果你的母亲是一个见钱眼开的人，或者是毫无判断能力的人，你就不一定什么都要听。

“敬老尊贤”就是尊敬长者并且听从贤者的指导，贤者就是在某方面有可学之处的人。虽然不一定要任何事情都顺从，但对待老人家，尊敬的态度不可少。遇到岔路的时候，多听听对这方面学有专精的前辈的建议，才是正确的方式。

幸福，源于比较

人生没有绝对的幸福，都是一个“比较学”。困苦的孩子懂得珍惜现有的一切，因为他以前太苦了，所以他只要一个温暖的家。

我老公是个很有远见的人，他在二十多年前曾经告诉我，他认为医学美容将来会发展起来。当时，以我的智慧没有办法给他什么意见，我尊重他的选择。如果有一天我女儿想当律师，要问我的意见，我会去问有律师背景或有法官背景的好朋友，因为这方面我没有办法给她意见，所以一个母亲在这个时候就不应该干涉太多。

“孝顺”很重要，要“孝”，但不一定要凡事都“顺”，虽然这听起来很大逆不道。你需要用智慧去处理，比如你觉得你的母亲一生坎坷，你还照着她的模式去走，那就是不对的愚孝。

以前的物理老师常跟我们说："人往高处走，水往低处流，如果想成功，就一定要跟成功的人做朋友，并且向他学习，多听听他的建议。"我觉得这话很有道理，所以时时提醒自己。

我的愿望并不大，没有像别人那样要大业天下，目前我就感到满足与幸福，在工作上能帮助更多的女性朋友变美丽、变自信；在家庭上，掌握着生活的步调和节奏，我认为我想要的都得到了。有些人或许会认为，你不是王永庆的亲戚，和郭台铭没关系，怎么这样就满足了呢？我想，这是因为每个人想要的人生都不一样！小时候困苦的人，长大以后会更懂得珍惜现在拥有的每一样东西，人生没有绝对的幸福，都是一个"比较学"，因为他以前太苦了，所以他只求有一个温暖的家。或许这个家在旁人眼中，没什么特别或了不起的地方，可是他很知足，对他来讲很珍贵。所有的外在条件，其实都是比较而来的，所以知足的人才能享有一个快乐的人生。

第4章
幸福是可以练习的

女人宣言

女人没有最美，只有更美。

幸福的关键在于，随时保持危机感

如果老公爱你比较多，很多事情他都会愿意为你牺牲。

男人是视觉的动物，所以身为女人，无论如何都要让自己的外表变漂亮。有些老婆不知自爱，觉得已经结婚了，就放任外在和内在都自甘堕落，那么老公有可能随时不要你！你要让自己不管是外在还是内在，都要随着社会的进步不断前进，永远在你老公心目中维持最甜蜜、最重要的形象。

以爱自己为突破，造就幸福的循环

自己要设法快乐，不能等待别人给你快乐。

幸福是可以练习的，跟条件好的人相比，如果你希望像她一样什么都好，就要从练习开始。如果你只是自己一个人，就要练习让自己很幸福、很快乐。

面对很漂亮的女生，大多数的人会赞美说："你是超级美女！"如果长相普通的话，就会被形容"很守交通规则"或者"很爱国"。能"很爱国"也不错，现在医学美容如此发达，你可以存一点儿钱，让自己丑小鸭变天鹅！不要自甘堕落，什么都不敢努力争取。

有很多人，在诊所整形以后，觉得自己的腿变细、腰变瘦了，所以越来越快乐，越来越有自信。而且这种快乐可以传递给别人，她的男朋

友或者老公也能感染到这份快乐，彼此的关系会变得甜蜜，良性的循环从此开始。

女人要设法让自己快乐，而不是等待别人给你快乐。你如果不知道自己要什么，老公给你再多物质享受你也不会笑一下。可是他一旦取悦你久了，觉得怎么做都不顺你的意，给什么你都不满足，他也会厌倦，当他放弃你的时候，你不是更悲惨吗?

很多女人被放弃后才发现，以前的生活是多么幸福。所以我说一定要练习，你已经身在福中了，要知福。如何练习？不是叫你去多看可怜的人，而是当你看到报纸杂志报道美女们的幸福婚姻时，就想想："其实我的老公也很不错！"如果看到人家长得漂亮、身材又好，你就想一想："这是她前世修来的福吧！"如果你希望像她这样美丽，请从现在开始多给别人一些帮助，种植自己的福田吧!

我相信美好的事情迟早也会落到你的手上，但是如果学不会感恩，学不到身在福中要知福，再多美丽的事物来到身旁，你也得不到快乐。在此，想和各位女性读者分享一句很有哲理的话："如果学不会感恩、学不会知足、学不会身在福中要知福，就算当上全世界最性感、最美丽的女人，你还是会觉得某些东西令你不满意。"

有一次，我给家中的佣人一百台币当零用钱，她开心得有如获得大奖。看到她发自内心的笑容，我好汗颜："天啊！我拥有比她更多的存款，为什么给我再多的钻石我都不快乐？而我只给她一百块，她就快乐到亲我、抱我？”

她让我发现，其实人是可以那么容易就得到满足的。对很富有却不快乐的女人，我不是教她要得到更多，而是教她要学习知足常乐。最后，我要对所有的女性朋友说，从生活中体会到知足、惜福和感恩，幸福的循环就会自此开始。

以上是我想和众多女性读者分享的心得点滴。如果你觉得我说的话有道理，喜欢我的理论，敬请期待我的第二本作品，里面将提到家庭和亲子教育方面的问题，相信能帮助众多女性读者营造美满的家庭气氛。而第二本书的版税也将全数捐赠给流浪动物保护团体，希望通过公益和对社会的贡献，让大家能更快乐、更幸福。